U0792178

高等职业教育通识类课程教材

计算机应用基础实训教程
（第三版）

主　编　王向慧　康秀兰

中国水利水电出版社
www.waterpub.com.cn
·北京·

内 容 提 要

本书为《计算机应用基础》(第三版)(ISBN 978-7-5170-8634-5)配套实训教程，全书分为实训篇、习题篇和模拟考试篇。实训篇注重应用能力的培养，根据配套主教材各章节的内容，精心设计了 32 个实训项目，并给出具体的操作步骤供读者参考；习题篇和模拟考试篇精选了大量测试题，配以参考答案及答案解析，供读者自行练习和测试，帮助读者对知识进行消化和巩固。

本书可作为高职高专院校"计算机应用基础"课程教学的配套教材，也可作为全国计算机等级考试（一级）的培训辅导书，还可作为计算机应用初学者上机实践的参考用书。

本书提供相关实训所需的素材，读者可以从中国水利水电出版社网站（http://www.waterpub.com.cn）和万水书苑网站（http://www.wsbookshow.com）下载。

图书在版编目（ＣＩＰ）数据

计算机应用基础实训教程 / 王向慧，康秀兰主编
. -- 3版. -- 北京 : 中国水利水电出版社，2020.7（2023.7 重印）
高等职业教育通识类课程教材
ISBN 978-7-5170-8691-8

Ⅰ. ①计… Ⅱ. ①王… ②康… Ⅲ. ①电子计算机－高等职业教育－教材 Ⅳ. ①TP3

中国版本图书馆CIP数据核字(2020)第124283号

策划编辑：石永峰　责任编辑：王玉梅　加工编辑：周益丹　封面设计：梁　燕

书　　名	高等职业教育通识类课程教材 **计算机应用基础实训教程（第三版）** JISUANJI YINGYONG JICHU SHIXUN JIAOCHENG
作　　者	主　编　王向慧　康秀兰
出版发行	中国水利水电出版社 （北京市海淀区玉渊潭南路 1 号 D 座　100038） 网址：www.waterpub.com.cn E-mail：mchannel@263.net（答疑） sales@mwr.gov.cn 电话：（010）68545888（营销中心）、82562819（组稿）
经　　售	北京科水图书销售有限公司 电话：（010）68545874、63202643 全国各地新华书店和相关出版物销售网点
排　　版	北京万水电子信息有限公司
印　　刷	三河市鑫金马印装有限公司
规　　格	184mm×260mm　16 开本　11.5 印张　284 千字
版　　次	2013 年 7 月第 1 版　2013 年 7 月第 1 次印刷 2020 年 7 月第 3 版　2023 年 7 月第 4 次印刷
印　　数	9001—12000 册
定　　价	28.00 元

第三版前言

随着互联网的普及、大数据时代的到来，熟练地操作计算机已经成为人们必须掌握的一项基本技能。为巩固“计算机应用基础”课程的学习，加强学生运用计算机解决实际问题的应用能力，我们结合多年的一线教学经验，精心编制了这本与《计算机应用基础》（第三版）配套的实训教程。

本书分为实训篇、习题篇和模拟考试篇。实训篇根据配套主教材各章节的内容，精心设计了 32 个实训项目，以任务驱动的方式，引导学生循序渐进地分步操作，使其掌握各种软件的基本功能和应用方法，消化理论知识，解决实际问题；习题篇精选大量习题并配有参考答案，供学生课后自我训练，以巩固知识，弥补疏漏，加强思考能力与创新意识的培养；模拟考试篇参考全国计算机等级考试的形式，给出 5 套模拟试卷，同时提供参考答案及答案解析，学生可以在学习后期自我测试，完善知识结构。

本书语言简练、结构清晰，采用分解难点、循序渐进的方式，注重学生学习方法和动手能力的培养，在教学中可以根据实际教学时数和学生的基础、兴趣选择教学内容，学以致用。

本书由王向慧、康秀兰任主编。具体编写分工如下：王向慧编写实训 1～8、实训 23～29 及习题篇，康秀兰编写实训 9～20 及模拟考试篇，伊凤新编写实训 30～32，王志飞编写实训 21、22。王向慧负责全书的策划、修改、补充、统稿工作。参加本书资料搜集和整理工作的还有赵婉婷、张池弘、王瑞珺、于济凡、于佳宁、王祉翔、孙灿、王一博、郭义远、张东生等。

对本书编写过程中所参考的相关资料的作者表示诚挚的谢意，还要感谢中国水利水电出版社对本书的精心组织、策划和编辑。

由于编者水平有限，书中难免出现疏漏或不妥之处，敬请广大读者批评指正。

编　者

2020 年 5 月

第一版前言

为巩固“计算机应用基础”课程的学习，提高学生运用计算机解决实际问题的应用能力，本书作者结合多年的一线教学经验，精心编制了这本与《计算机应用基础（Windows XP+Office 2003）》配套的实训教程。

本书分为实训篇、习题篇和模拟考试篇。实训篇根据配套主教材各章节的内容，精心设计了 29 个实训项目，以任务驱动的方式，引导学生循序渐进地分步操作，消化理论知识，解决实际问题；习题篇给出大量习题及参考答案，供学生课后自行练习，弥补知识上的疏漏；模拟考试篇参考全国计算机等级考试（一级）的形式，给出 5 套模拟试题并提供参考答案，学生可在学习后期自我测试，构建完整知识结构。

本书由王向慧、康秀兰任主编。参加本书编写的有王向慧（实训 1、习题 1、2、3、5）、银晓明（实训 2～4）、郑立文（实训 5～8）、康秀兰（实训 9～20）、王志飞（实训 21～23）、齐桂霞（实训 24～27）、张国强（实训 28、29）、王一博（习题 4）、刘文光（习题 6）、伊风新（模拟试卷 1～5）。王向慧负责全书的修改、补充、统稿工作。参加本书资料搜集和整理工作的还有孙双飞、王亚男等。

雷广臻教授和连志春教授在百忙之中对本书进行了审阅，并提出许多宝贵意见，在此深表感谢。本书的顺利出版同时得到了中国水利水电出版社的大力支持，谨此深表谢意，并对所参考的国内外资料的原作者表示衷心的感谢。

由于编者水平有限，书中难免出现疏漏或不妥之处，敬请广大读者批评指正。

本书相关实训所需的素材可到中国水利水电出版社网站免费下载。

编　者

2013 年 4 月

目　　录

第 1 部分　实训篇

实训 1　微型计算机的硬件配置

【实训目的】

1．熟悉微型计算机的硬件配置及各部件的功能。
2．了解微型计算机的外部设备接口。
3．掌握微型计算机的开机、关机步骤。

【实训内容】

1．熟悉微型计算机机箱的前面板和后面板。
2．认识显示器、键盘、鼠标等外设，熟悉外部设备接口及其功能。
3．打开机箱侧盖板，了解微型计算机主机配置及各部件的功能。
4．完成开机、关机操作。

【操作步骤】

1．熟悉微型计算机机箱的前面板和后面板。

（1）熟悉机箱前面板。结合机房实物（可参考图 1-1-1），观察微型计算机的前面板，找到电源开关、复位开关、电源指示灯、硬盘指示灯，再观察有几个 USB 接口和音频接口。

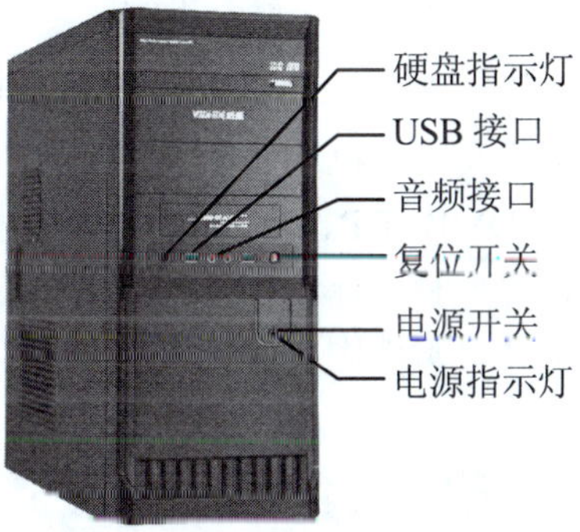

图 1-1-1　微型计算机机箱前面板示例

（2）熟悉机箱后面板。结合机房实物（可参考图 1-1-2），观察微型计算机的后面板，找到常见的几种接口：

1）连接显示器的显卡输出接口（HDMI、DP、VGA 或 DVI 标准）。
2）连接网线的网络接口。

3）连接耳麦、音箱的音频接口。

4）连接键盘的 PS/2 接口（紫色），连接鼠标的 PS/2 接口（绿色）。

5）USB 接口（可连接具有 USB 标准接口的各种外部设备，如键盘、鼠标、打印机、扫描仪等）。

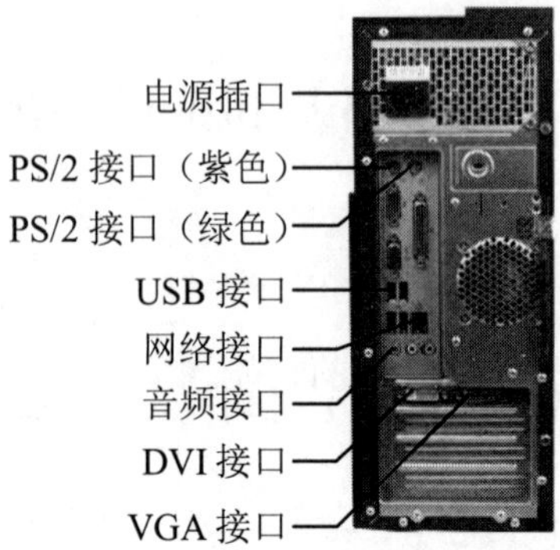

图 1-1-2　微型计算机机箱后面板示例

说明： 目前有的微机主板上支持一个键盘和鼠标通用的键鼠 PS/2 接口，独立显卡或集成显卡支持 HDMI、DP、VGA、DVI 等多种接口标准，如图 1-1-3 所示。

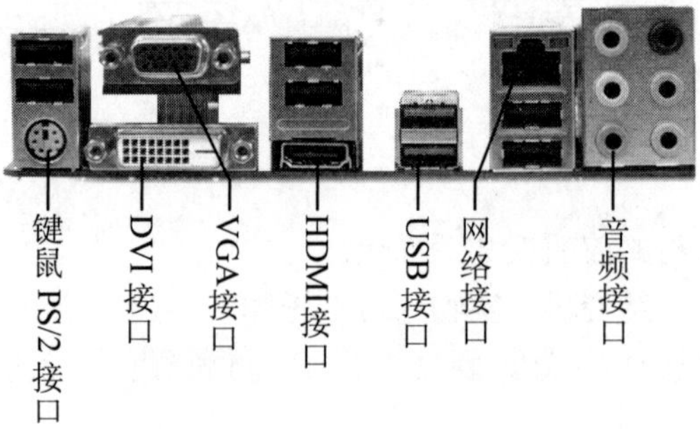

图 1-1-3　主板接口示例

2．认识显示器、键盘、鼠标等外部设备，熟悉外部设备（简称“外设”）接口及其功能。

（1）认识显示器。观察显示器及其与机箱后面板的连接，找到显示器电源开关、电源指示灯，观察显示器的视频接口是 HDMI、DP、VGA 还是 DVI 标准。

（2）认识键盘和鼠标。观察键盘和鼠标，以及其与机箱后面板的连接，确定键盘、鼠标插头的接口标准是 PS/2 还是 USB（可参考图 1-1-4）。

（a）PS/2 标准　　（b）USB 标准

图 1-1-4　键盘鼠标插头

3．了解微型计算机主机配置及各部件的功能。

（1）了解机箱内部结构。打开机箱侧盖板（可参考图 1-1-5），找到主板、电源、固态硬盘或机械硬盘。

图 1-1-5　机箱内部结构

（2）认识主机硬件配置。观察主板，找到主板上的 CPU、CPU 散热风扇、内存条、显卡。

4．开机、重新启动、关机操作。

（1）开机操作。先打开显示器及其他外设的电源开关，观察显示器电源指示灯亮起后，按下机箱前面板上的电源开关，计算机进入自检及启动状态，观察硬盘指示灯和主机电源指示灯亮起，启动成功后显示器屏幕上出现 Windows 7 操作系统桌面。

（2）关机操作。Windows 7 的关机操作方法有多种，这里暂且熟悉一种：按键盘上的 Windows 徽标键，弹出“开始”菜单，如图 1-1-6 所示，用鼠标单击“关机”按钮即可关闭计算机。关机后，关闭显示器及其他外设的电源开关。

图 1-1-6　“开始”菜单

实训 2　动手组装微型计算机

【实训目的】

1．掌握微型计算机的硬件配置及各部件的功能。
2．熟悉微型计算机的组装过程。

【实训内容】

1．认识微型计算机主机配置及各部件的功能。
2．认识常见外部设备及其功能。
3．组装一台微型计算机。

【操作步骤】

1．认识主机及外设。

（1）认识机箱：观察机箱的前面板、后面板，打开机箱侧盖板，观察机箱内部。

（2）认识主板：按照主板说明，找到主板上的 CPU 插槽、内存插槽、PCI-E 插槽（可插接显卡）、SATA 接口（可接硬盘或光驱）；找到主板供电插口、CPU 供电插口。

（3）认识 CPU、CPU 散热器及风扇、内存条、硬盘、电源、独立显卡等。

（4）认识常见的输入/输出设备：键盘、鼠标、显示器。

提示：为了避免部件组装时安错方向，防止松动，部件上常有“防呆”和“卡扣”设计。

2．主板上的安装。

（1）安装 CPU：把主板平放于桌面上，将 CPU 插槽上用于固定 CPU 的卡扣杆抬起，对准 CPU 缺口与 CPU 插槽缺口位置（有三角形标识，避免 CPU 插错方向），将 CPU 放入 CPU 插槽并轻压到位，然后扣紧卡扣杆。

（2）安装 CPU 散热器：在 CPU 表面均匀涂上导热硅脂，将散热器托架罩于 CPU 上方，底脚固定于主板，把散热器及风扇安到托架上并扣紧卡扣以固定，再将风扇的电源插头插到主板上的 CPU 风扇供电插口上。

（3）安装内存条：掰开主板上内存插槽两端的卡扣，对准内存条与内存插槽的缺口，将内存条的金手指对齐内存插槽缓缓插入，插槽两端的卡扣自动扣紧。

（4）安装硬盘：如果硬盘是 M.2 接口的固态硬盘，则完成此步。将固态硬盘的金手指一端对准主板上的 M.2 插槽轻轻推入，使固态硬盘平躺于主板，然后在固态硬盘另一端的缺口处，拧紧螺钉使硬盘固定于主板。

3．机箱上的安装。

（1）安装电源盒：拆下机箱侧盖板，找到机箱内的电源舱位，放入电源盒（见图 1-2-1），在机箱后面板拧紧固定螺钉，使电源盒固定于机箱内。

图 1-2-1　电源盒

（2）安装主板：把机箱平放于桌面上，先把主板挡板固定于机箱后面板上；然后找准机箱内用于固定主板的位置孔，并对准主板挡板，将主板放入机箱，拧紧螺钉使主板固定于机箱内。

（3）连接机箱面板跳线：在机箱内靠近前面板处有一组控制跳线，分别是电源开关（POWER SW）、复位开关（RESET SW）、电源指示灯（POWER LED）、硬盘指标灯（HDD LED），还有前置 USB 接口、前置音频接口（HD AUDIO），按照主板说明连接这些控制跳线到主板的相应插口位置。

（4）安装独立显卡：在主板上找到显卡插槽（PCI-E 插槽），拆掉机箱后面板上的挡板，掰开显卡插槽一端的卡扣，对齐缺口将显卡金手指插入显卡插槽，卡扣自动扣紧，拧紧显卡挡板上的螺钉使之与机箱后面板固定。

（5）安装机械硬盘：如果硬盘是机械硬盘，则完成此步。把硬盘放入机箱里的硬盘舱架内，固定。将硬盘数据线的一端插入硬盘的 SATA 接口，另一端插入主板上的 SATA 接口。

（6）安装固态硬盘：如果硬盘是 SATA 接口的固态硬盘，则完成此步。把固态硬盘置入盘托，再将盘托放入机箱内，拧紧螺钉以固定。将硬盘数据线的一端插入硬盘的 SATA 接口，另一端插入主板上的 SATA 接口。

（7）连接主板及各部件供电线：选择电源盒背部输出的多条供电缆插头，分别插接至主板上的主板供电插口、CPU 供电插口，还有硬盘上的 SATA 供电插口、显卡上的显卡供电插口、风扇供电插口，并自动扣紧卡扣。

提示：注意保持机箱内的整洁，适时整理电源线和机箱面板线。

4．连接外设及外部电源。

（1）连接键盘和鼠标：观察键盘和鼠标的插头（USB 标准或 PS/2 标准，如图 1-2-2 所示），在机箱后面板找到 USB 接口和 PS/2 接口，连上键盘和鼠标。

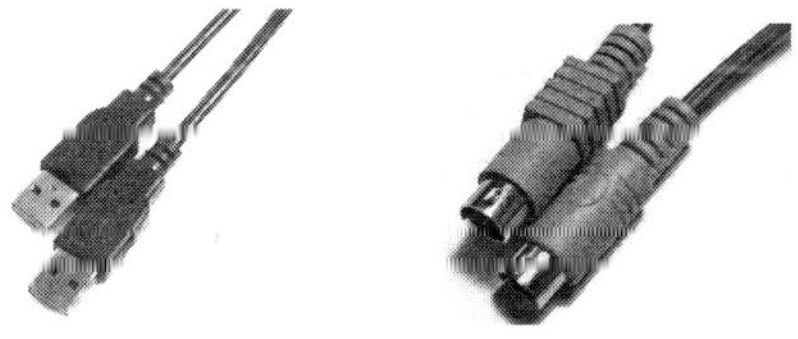

（a）USB 标准　　（b）PS/2 标准

图 1-2-2　键盘和鼠标插头

（2）连接显示器：观察显示器的数据线插头（HDMI 标准、DP 标准或 VGA 标准，如图 1-2-3 所示），在机箱后面板找到显卡的输出接口，插入显示器数据线插头，固定。

（a）HDMI 标准　　（b）DP 标准　　（c）VGA 标准

图 1-2-3　显示器数据线插头

（3）连接外部电源：在机箱后面板找到电源盒的电源插口（见图 1-2-1），将主机电源线插上；最后将显示器电源线和主机电源线插到外部电源插座上。

实训 4　Windows 7 的资源管理

【实训目的】

1．熟悉 Windows 7 窗口的组成。

2．掌握窗口地址栏、导航窗格的使用方法。

3．重点掌握文件与文件夹的操作与管理。

4．掌握库的基本操作。

【实训内容】

按如下要求完成文件、文件夹、库的操作：

1．在 D 盘根目录下建立 AA 文件夹，在 AA 文件夹下建立 BB 子文件夹和 CC 子文件夹。

2．在 BB 文件夹下建立一个名为 kaoshi.txt 的文本文件，并将该文件复制到 CC 文件夹中。

3．将 CC 文件夹中复制来的 kaoshi.txt 文件改名为 exam.txt，并在桌面上创建快捷方式，再将文件的属性设置为“只读”和“隐藏”。

4．将 BB 文件夹中的 kaoshi.txt 文件移动到 AA 文件夹中。

5．将 BB 文件夹删除。

6．将 CC 文件夹添加到文档库中。

【操作步骤】

1．文件夹的建立。

（1）双击桌面上的“计算机”图标，打开“计算机”窗口，在右窗格的文件列表栏中找到 D 盘图标并双击，打开 D 盘窗口。

（2）单击工具栏上的“新建文件夹”按钮→输入 AA→按 Enter 键，完成 AA 文件夹的建立；双击 AA 文件夹图标，打开 AA 文件夹窗口。

（3）选择“文件”→“新建”→“文件夹”→输入 BB→按 Enter 键；右击文件列表栏的空白处→“新建”→“文件夹”→输入 CC→按 Enter 键。

2．文本文件的创建。

打开 BB 文件夹窗口，选择“文件”→“新建”→“文本文档”→输入 kaoshi.txt→按 Enter 键。

3．文件的复制。

（1）选定 BB 文件夹下的 kaoshi.txt 文件，选择“编辑”→“复制”命令。

（2）通过导航窗格或地址栏，切换窗口至 CC 文件夹，右击文件列表栏的空白处→“粘贴”命令。

4．文件的重命名。

选定 CC 文件夹下的 kaoshi.txt 文件，选择“文件”→“重命名”→输入 exam.txt→按 Enter 键。

5．创建快捷方式。

右击 exam.txt 文件图标，选择“发送到”→“桌面快捷方式”命令。

6．文件属性的修改。

选定 exam.txt 文件，选择“文件”→“属性”→“常规”选项卡，选中“隐藏”和“只读”复选框，单击“确定”按钮。

7．文件的移动。

选定 BB 文件夹中的 kaoshi.txt 文件，拖动至导航窗格中的 AA 文件夹图标处，释放鼠标。

8．文件夹的删除。

选定 BB 文件夹，选择“文件”→“删除”命令。

9．向库中添加文件夹。

右击 CC 文件夹，选择“包含到库中”→“文档”命令。

实训 5　Windows 7 的个性化设置

【实训目的】

1．掌握控制面板的功能及使用方法。

2．熟悉 Windows 7 个性化设置的方法。

【实训内容】

1．启动控制面板。

2．更改桌面背景。

3．设置文档窗口颜色。

4．将 Internet Explorer 图标锁定到任务栏。

5．设置系统日期为 2020 年 2 月 27 日，时间为 8 点 9 分 10 秒。

6．向桌面右上角添加“日历”小工具，并以大尺寸显示。

【操作步骤】

1．启动控制面板。

（1）选择“开始”→“控制面板”命令，打开“控制面板”窗口。

（2）在窗口右上角的“查看方式”下拉列表中，选择“大图标”选项，如图 1-5-1 所示，使“控制面板”窗口切换为“所有控制面板项”窗口。

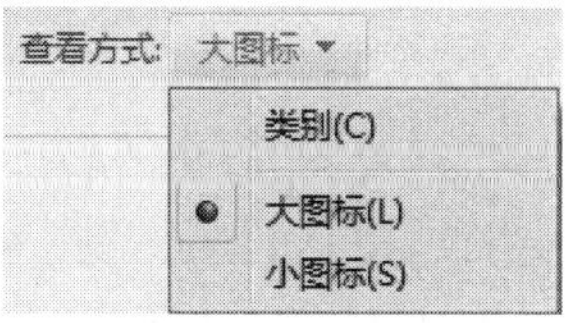

图 1-5-1　“控制面板”窗口查看方式选择

2．更改桌面背景。

（1）右击桌面空白处，选择“个性化”→“桌面背景”，打开“桌面背景”窗口。

（2）选择一种背景图片，单击“保存修改”按钮，完成设置。

3．设置文档窗口颜色为柔和的豆沙绿色，有效缓解眼睛疲劳，保护眼睛。

（1）右击桌面空白处，选择“个性化”→“窗口颜色”→“高级外观设置”，打开“窗口颜色和外观”对话框。

（2）“项目”→“窗口”，“颜色 1(L)”→“其它”，打开“颜色”对话框。

（3）设置“色调”为 85，“饱和度”为 123，“亮度”为 205，选择“添加到自定义颜色”→“确定”，关闭“颜色”对话框。

（4）单击“窗口颜色和外观”对话框的“确定”或“应用”按钮，完成设置。

4．向任务栏锁定图标。

（1）选择“开始”→“所有程序”命令，打开所有程序列表，找到 Internet Explorer。

（2）右击 Internet Explorer，选择“锁定到任务栏”命令。

5．设置当前系统日期。

（1）单击“开始”→“控制面板”→“日期和时间”→“更改日期和时间”按钮，打开“日期和时间设置”对话框。

（2）调整年、月、日、时、分、秒，单击“确定”按钮，完成设置。

6．向桌面添加小工具。

（1）右击桌面空白区，选择“小工具”→双击“日历”，桌面右上角出现“日历”小工具。

（2）右击桌面上的“日历”小工具，选择“大小”→“大尺寸”，完成设置。

实训 6　Windows 7 系统环境设置

【实训目的】

1．掌握控制面板的功能及使用方法。

2．掌握 Windows 7 系统环境的设置方法。

3．掌握磁盘的管理与维护技术。

【实训内容】

1．对 U 盘格式化。

2．在“程序和功能”窗口下，对已安装的“微信”程序进行卸载。

3．在“设备管理器”窗口中，对计算机视频设备进行禁用。

4．在“Windows 任务管理器”窗口下，结束 QQ 程序的运行。

【操作步骤】

1．U 盘的格式化。

（1）把待格式化的 U 盘插入计算机的 USB 接口。

（2）打开“计算机”窗口，找到该 U 盘图标。

（3）右击 U 盘图标→“格式化”命令，弹出格式化磁盘对话框。

（4）单击“开始”按钮，开始格式化，格式化完成后，单击“确定”按钮。

注意：格式化磁盘之前，一定要先备份其中的有用数据，否则数据将无法恢复。

2．程序的卸载。

（1）选择“开始”→“控制面板”→“程序和功能”命令，打开“程序和功能”窗口。

（2）选中待卸载的“微信”程序，单击工具栏上的“卸载”按钮，卸载该程序。

3．硬件设备管理。

（1）选择“开始”→“控制面板”→“设备管理器”命令，打开“设备管理器”窗口。

（2）双击“图像设备”选项，展开该类型设备列表，如图 1-6-1 所示，右击列表中待禁用的视频设备→选择“禁用”命令，完成设置。

4．任务管理器的使用。

（1）按快捷键 Ctrl+Shift+Esc，打开“Windows 任务管理器”窗口。

（2）在“应用程序”选项卡下，选择正在运行的程序名称 QQ2013，单击“结束任务”按钮，结束该程序的运行，如图 1-6-2 所示。

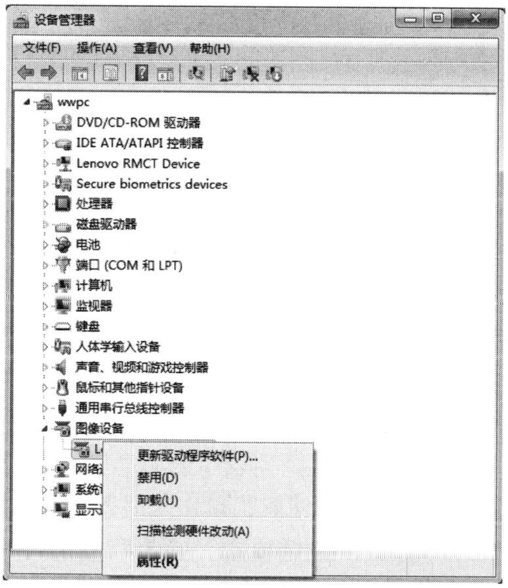

图 1-6-1　“设备管理器”窗口

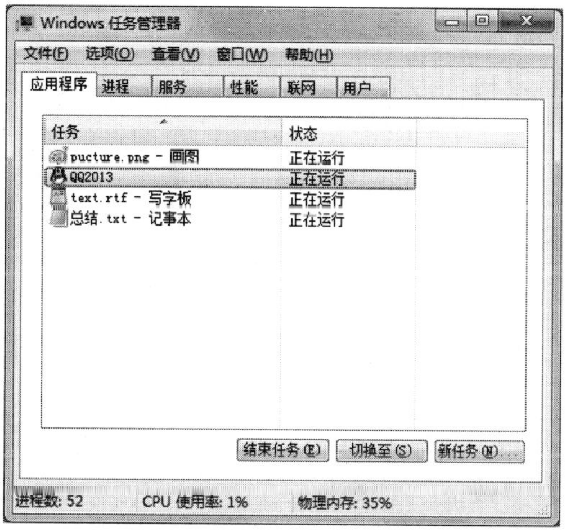

图 1-6-2　“Windows 任务管理器”窗口

实训 7　“写字板”程序的使用

【实训目的】

1．熟悉 Windows 7 常用附件的功能。

2．掌握“写字板”程序的使用方法。

【实训内容】

利用“写字板”程序，按下列要求建立一个文档，样文如图 1-7-1 所示。

1．标题为“关于写字板”，并设为黑体、24 号、居中。

2．正文为“写字板是包含在 Windows 7 系统中的一个基本文字处理程序，多用于日常工作中简短文档的编辑。”并设为 16 号、宋体、向左对齐文本、首行缩进 1.2 厘米。

3．保存文档到 D 盘根目录下，文件名为 text.rtf。

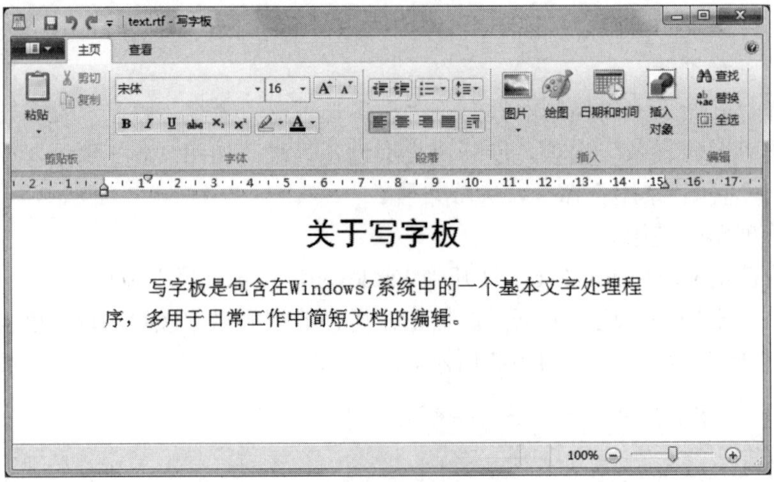

图 1-7-1 “写字板”程序应用示例

【操作步骤】

1．选择“开始”→“所有程序”→“附件”→“写字板”命令，打开“写字板”程序窗口。

2．在文档编辑区输入文档的标题，按 Enter 键，在下一行输入文档的正文。

3．在功能区的“主页”选项卡下对文档进行排版：

（1）选定标题文字，在“字体”组中，选择“字体系列”下拉列表中的“黑体”，选择“字体大小”下拉列表中的 24；单击“段落”组中的“居中”按钮。

（2）选定正文文字，在“字体”组中，选择“字体大小”下拉列表中的 16，选择“字体系列”下拉列表中的“宋体”；单击“段落”组中的“左对齐”按钮，单击“段落”按钮，打开“段落”对话框，在“首行”文本框中输入“1.2 厘米”，然后单击“确定”按钮，关闭“段落”对话框。

4．单击快速访问工具栏中的“保存”按钮，弹出“保存为”对话框，输入文件名 text.rtf，选择保存位置 D:，单击“保存”按钮，关闭对话框。

5．单击“写字板”程序窗口的“关闭”按钮，关闭“写字板”程序。

实训 8 “画图”程序的使用

【实训目的】

1．熟悉 Windows 7 常用附件的功能。

2．掌握“画图”程序的使用方法。

【实训内容】

利用“画图”程序绘制一幅几何图画，如图 1-8-1 所示，要求图中小鸭身为黄色，鸭头为灰色，小鸭眼睛和腿为黑色，树身为绿色，太阳为红色，太阳光辉为黄色，然后保存文档到 D 盘根目录下，文件名为 picture.png。

图 1-8-1 “画图”程序应用示例

【操作步骤】

1．选择“开始”→“所有程序”→“附件”→“画图”命令，打开“画图”程序窗口。

2．在绘图区，利用功能区的“主页”选项卡下的绘图工具，绘制几何图形：

（1）绘制小鸭：选中“颜色”组中的“颜色 1”，单山颜料盒中的黑色，从而将“颜色 1”设为黑色，选择“形状”组中的“椭圆形”，在绘图区按住鼠标左键拖动，绘制出一个黑色的椭圆，成为鸭身，如此方法绘制出鸭头、鸭眼；选择“形状”组中的“直线”，在绘图区按住鼠标左键拖动，分别绘制出黑色的鸭腿、鸭嘴。

（2）为小鸭涂色：将“颜色 2”设为黄色，选择“工具”组中的“填充”，右击鸭身，将鸭身涂为黄色，如此方法将鸭嘴涂为黄色，鸭头涂为灰色，鸭眼涂为黑色。

（3）绘制小树：设置“颜色 1”为绿色，选择“形状”组中的“三角形”，在绘图区拖动鼠标左键，绘制出 3 个绿色三角形成为树冠，选择“矩形”，拖动鼠标左键，在树冠下方绘制出树干。

（4）为小树涂色：选择“工具”组中的“填充”，单击树冠和树干，将小树涂为绿色。

（5）绘制太阳：设置“颜色 1”为黄色，设置“颜色 2”为红色，选择“形状”组中的“椭圆形”，按住 Shift 键，按住鼠标右键拖动，绘出一个圆圆的太阳，选择“形状”组中的“直线”，按住鼠标左键拖动，在太阳周边画出几条放射状的黄线，成为太阳光辉。

（6）为太阳涂色：选择“工具”组中的“填充”，右击太阳，将太阳涂为红色。

3. 单击快速访问工具栏中的“保存”按钮，弹出“保存为”对话框，输入文件名 picture.png，选择保存位置“D:”，单击“保存”按钮，关闭对话框。

4．单击“画图”程序窗口的“关闭”按钮，关闭“画图”程序。

实训 9　Word 基本排版

【实训目的】

1．掌握 Word 文档的建立、保存、打开方法。

2．熟练掌握字符格式化、段落格式化等操作。

3．熟练掌握字符、段落边框与底纹的添加方法。

【实训内容】

1．启动 Word 2010，熟悉 Word 2010 窗口的标题栏、功能区、快速访问工具栏。

2．选择一种汉字输入法，按图 1-9-1 所示的原文录入文字（注意使用中文标点）。

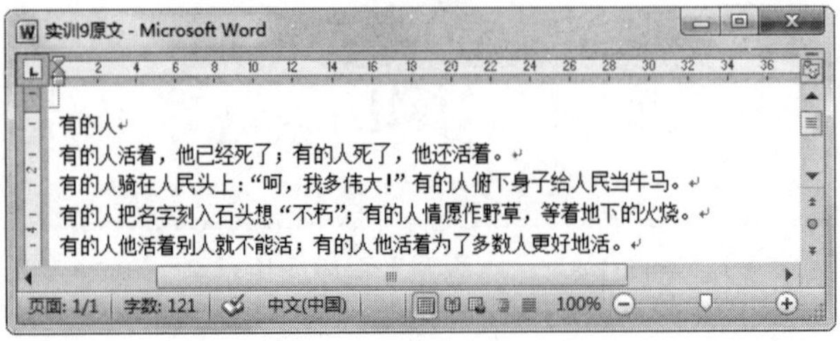

图 1-9-1 实训 9 原文.docx

3．保存为“实训 9 原文.docx”，保存到“我的文档”文件夹中。

4．设置标题段“有的人”的格式：华文彩云、小二号字、红色、加粗、居中，字符间距 5 磅，添加字符底纹。

5．设置正文各段格式：隶书、小四号字、左对齐、左缩进 2 字符、1.5 倍行距，添加波浪线段落边框。

6．将文档换名保存为“实训 9 样文.docx”，保存在桌面。样文如图 1-9-2 所示。

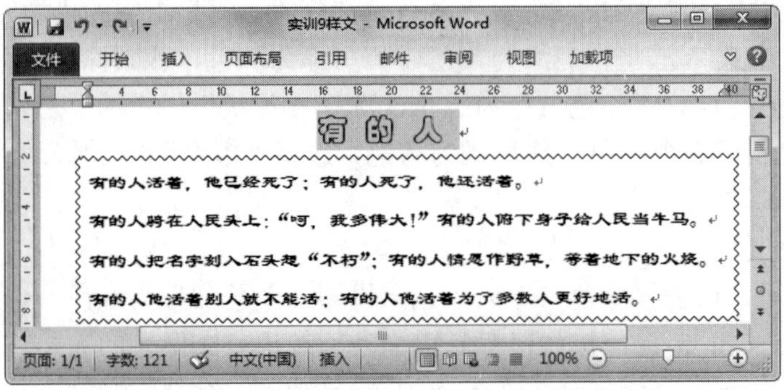

图 1-9-2 实训 9 样文.docx

【操作步骤】

1．选择“开始”→“所有程序”→“Microsoft Office”→“Microsoft Word 2010”命令。

2．按如图 1-9-1 所示的原文录入文本。

3．选择“文件”选项卡→“保存”，弹出“另存为”对话框，默认保存位置为文档库的“我的文档”，保存类型为“Word 文档”，输入文件名“实训 9 原文”。

4．标题段格式。

（1）选定标题段，利用“字体”组设置华文彩云、小二号字、红色、加粗，添加字符底纹；利用“段落”组设置标题段居中。

（2）选择“开始”选项卡→“字体”组→对话框启动器，弹出“字体”对话框，单击“高级”选项卡，设置间距“加宽”、磅值“5 磅”。

5．正文各段格式。

（1）选定正文各段，利用“字体”组设置隶书、小四号字。

（2）选择“开始”选项卡→“段落”组→对话框启动器，弹出“段落”对话框，设置对齐方式为“左对齐”、左侧“2 字符”、行距为“1.5 倍行距”。

（3）选择“开始”选项卡→“段落”组→“边框”下拉按钮→“边框和底纹”，弹出“边框和底纹”对话框，选择“方框”，样式为波浪线“～～～”，在“应用于”下拉列表中选择“段落”。

6．选择“文件”选项卡→“另存为”，弹出“另存为”对话框，在导航窗格中选择“桌面”，保存类型为“Word 文档”，输入文件名“实训 9 样文”。

实训 10　Word 高级排版

【实训目的】

1．熟练掌握 Word 中插入文档、替换、复制等操作。

2．熟练掌握文档的分栏、首字下沉等操作。

【实训内容】

新建文档，插入文档“实训 9 样文.docx”，将新文档保存为“实训 10.docx”。在“实训 10.docx”中完成下列操作，样文如图 1-10-1 所示。

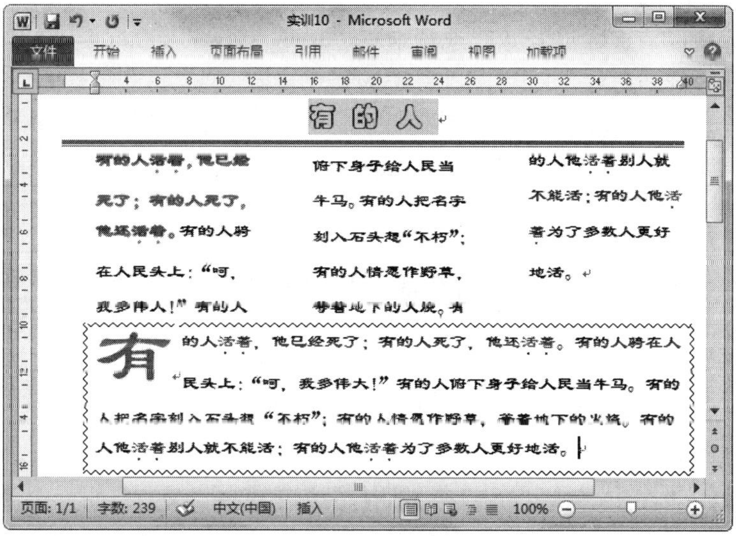

图 1-10-1　实训 10.docx

1．将正文四段合成一段，复制一份正文文本。

2．将正文中所有的“活着”都设置成红色并加着重号。

3．将标题段添加绿色下边框，线型为由粗到细双线。删除正文第一段边框。

4．将正文第一段文本分为等宽的三栏，并将第一段中第一句文字“有的人……他还活着。”设置为“渐变填充-蓝色，强调文字颜色 1”的文本效果。

5．将正文第二段设置首字下沉 2 行，距正文 0.2 厘米，首字符设置为绿色。

【操作步骤】

1．插入文档，保存文档。

（1）启动 Word，新建“文档 1”。

（2）选择“插入”选项卡→“文本”组→“对象”下拉按钮→“文件中的文字”，弹出“插入文件”对话框，找到并双击要插入的文档“实训 9 样文.docx”。

（3）选择“文件”选项卡→“另存为”，弹出“另存为”对话框，保存文件为“实训 10.docx”。

2．正文段合成一段，复制文本。

（1）插入点定位在前一段末尾，按 Delete 键，即可将两段合为一段。

（2）选定合并后的新段，按 Ctrl+C 快捷键，插入点定位于下一段段首，按 Ctrl+V 快捷键。

3．替换文本。

（1）选择“开始”选项卡→“编辑”组→“替换”，弹出“查找和替换”对话框，在“替换”选项卡下，单击“更多”按钮。

（2）在“查找内容”文本框中输入“活着”，在“替换为”文本框中输入“活着”。

（3）插入点置于“替换为”文本框中，选择“格式”按钮→“字体”，弹出“替换字体”对话框，设置字体颜色为红色，加着重号“•”，单击“确定”按钮，返回到“查找和替换”对话框。

（4）单击“全部替换”按钮，最后单击“关闭”按钮。

4．取消和设置段落边框。

（1）选定标题段，选择“开始”选项卡→“段落”组→“边框”下拉按钮→“边框和底纹”，弹出“边框和底纹”对话框，首先选择“自定义”，再选择样式为由粗到细双线，颜色为“绿色”，应用于“段落”，最后单击预览区中下线边框按钮，单击“确定”按钮。

（2）选定正文第一段，选择“开始”选项卡→“段落”组→“边框”下拉按钮→“无框线”。

5．设置分栏与文字效果。

（1）选定正文第一段，选择“页面布局”选项卡→“页面设置”组→“分栏”按钮→“三栏”。

（2）选定第一段中第一句文字“有的人……他还活着。”，在“字体”组中单击“文本效果”下拉按钮，选择第 3 行第 4 列样式“渐变填充-蓝色，强调文字颜色 1”。

6．设置首字下沉。

（1）插入点定位于正文第二段，选择“插入”选项卡→“文本”组→“首字下沉”按钮→“首字下沉选项”，弹出“首字下沉”对话框，在“位置”中选择“下沉”，在“下沉行数”中输入 2，在“距正文”中输入“0.2 厘米”，单击“确定”按钮。

（2）选定第二段首字符，设字体颜色为“绿色”。

（3）保存文档，退出 Word。

实训 11　Word 表格制作

【实训目的】

1．掌握纸张大小、页边距的设置方法。

2．熟练掌握表格的建立、编辑操作。

3．熟练掌握表格的格式化。

【实训内容】

1．建立如图 1-11-1 所示的“保修卡”，并以“实训 11.docx”保存。

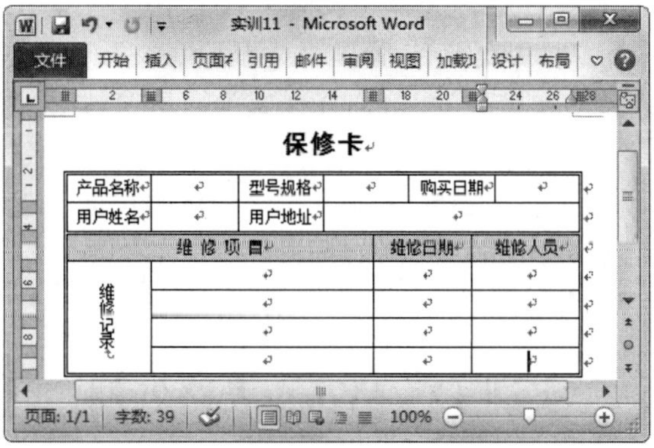

图 1-11-1　实训 11.docx

2．设置纸张大小为 12 厘米×8 厘米，上、下、左、右边距均是 1 厘米。

3．标题行文字“保修卡”设置为黑体、四号字、加粗、居中对齐；表格内文字设置为宋体、小五号字、居中对齐。

4．设置表格外边框为双窄线，“维修项目”所在行的上边框为双窄线。

5．将“维修项目”所在行添加“白色，背景 1，深色 15%”底纹。

【操作步骤】

1．启动 Word，按图 1-11-1 输入文字、建立表格，保存文档为“实训 11.docx”。

（1）输入标题行文字“保修卡”。

（2）选择“插入”选项卡→“表格”组→“表格”按钮→“插入表格”，弹出“插入表格”对话框，输入列数 6，行数 7，单击“确定”按钮。

（3）选定表格第 2 行第 4、5、6 列，右击，选择“合并单元格”。同理按图 1-11-1 所示将部分单元格进行合并。

（4）输入表格文字内容。输入“维修记录”后，利用“表格工具”中的“布局”选项卡→“对齐方式”组命令来改变文字方向和对齐方式。

2．页面设置。

（1）选择“页面布局”选项卡→“页面设置”组→对话框启动器，弹出“页面设置”

对话框，设置上、下、左、右边距均是 1 厘米。

（2）单击“纸张”选项卡，设置纸张宽度为 12 厘米，高度为 8 厘米。

3．标题行、表内文字格式。

（1）选定标题行，利用“字体”组和“段落”组，设置黑体、四号、加粗、居中。

（2）选定表格，利用“字体”组，设置宋体、小五。选定表格中所有单元格（不包括表格右外侧的段落标记），单击“段落”组中的“居中”按钮。

4．表格边框。

（1）选定整个表格，选择“表格工具”中的“设计”选项卡→“表格样式”组→“边框”下拉按钮→“边框和底纹”，弹出“边框和底纹”对话框，在“边框”选项卡中，首先在“设置”一栏中选择“自定义”，再选择样式为“双窄线”，最后在“预览”区中，单击表格四个外框线图示。

（2）选定“维修项目”所在行，选择“表格工具”中的“设计”选项卡→“表格样式”组→“边框”下拉按钮→“边框和底纹”，弹出“边框和底纹”对话框，在“边框”选项卡中，首先在“设置”一栏中选择“自定义”，再选择样式为“双窄线”，最后在“预览”区中，使用上框线按钮▭应用双窄线边框。

5．选定“维修项目”所在行，选择“表格工具”中的“设计”选项卡→“表格样式”组→“底纹”下拉按钮→“白色，背景 1，深色 15%”。

6．保存文档，退出 Word。

实训 12　Word 表格处理

【实训目的】

1．掌握 Word 表格与文本的转换及应用表格样式的方法。
2．熟练掌握表格属性的设置方法。
3．熟练掌握表格的计算、排序等操作。

【实训内容】

打开如图 1-12-1 所示的“实训 12 原文.docx”，完成下列操作后，将修改后的文档另存为“实训 12 样文.docx”，修改后样文如图 1-12-2 所示。

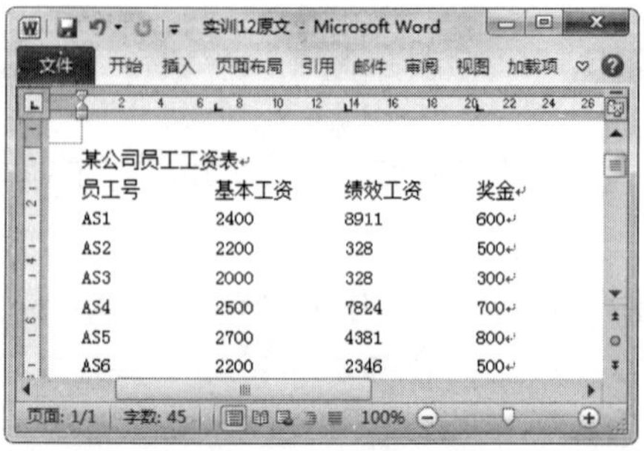

图 1-12-1　实训 12 原文.docx

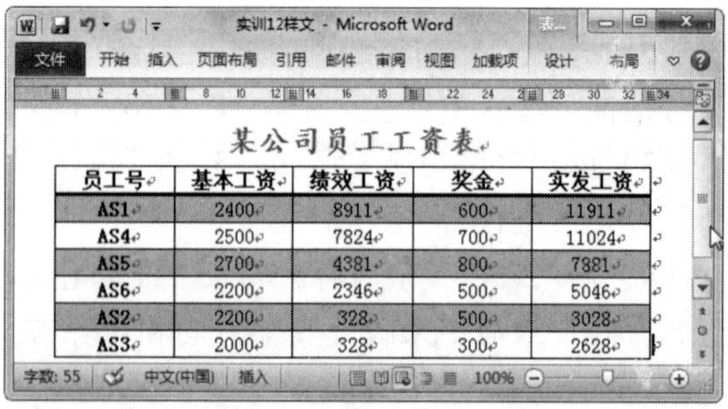

图 1-12-2　实训 12 样文.docx

1. 将标题文字“某公司员工工资表”设置为楷体、小二号字、加粗、居中、绿色。
2. 将文档中后 7 行文字转换成 7 行 4 列的表格。
3. 在最后一列后插入一列，输入列标题“实发工资”。
4. 计算“实发工资”一列的值。
5. 按“实发工资”降序排序。
6. 设置列宽为 2.5 厘米，表格文字设置为宋体、小四号。
7. 将表格应用样式“浅色网格”。
8. 设置表格居中，单元格文字水平和垂直都居中。

【操作步骤】

1. 打开“实训 12 原文.docx”，选定标题文字，利用“字体”组设置楷体、小二、加粗、绿色等字符格式。利用“段落”组设置标题居中。

2. 选定文档中后 7 行文字，选择“插入”选项卡→“表格”组→“表格”按钮→“文本转换成表格”，弹出“将文字转换成表格”对话框，默认列数为 4，单击“确定”按钮。

3. 插入点定位于最后一列，选择“表格工具”中的“布局”选项卡→“行和列”组→“在右侧插入”按钮，在最后一列输入列标题“实发工资”。

4. 单击第 2 行第 5 列单元格，选择“表格工具”中的“布局”选项卡→“数据”组→“公式”，弹出“公式”对话框，在“公式”文本框中，输入=SUM(LEFT)，单击“确定”按钮。再单击 E3 单元格，按 F4 键重复公式；E4～E7 单元格中的计算均按此方法操作。

5. 插入点置于表格内任意一个单元格，选择“表格工具”中的“布局”选项卡→“数据”组→“排序”，弹出“排序”对话框，选择“有标题行”，设置主要关键字为“实发工资”“降序”，单击“确定”按钮。

6. 选定整个表格，设置宋体、小四号字；右击，选择“表格属性”，弹出“表格属性”对话框，单击“列”选项卡，选择“指定宽度”复选框，输入“2.5 厘米”。

7. 将插入点置于表格内，选择“表格工具”中的“设计”选项卡→“表格样式”组→“浅色网格”样式。

8. 选定整个表格，单击“段落”组中的“居中”按钮；右击表格，在快捷菜单中选择“单元格对齐方式”→“中部居中”按钮。

9. 将文档另存为“实训 12 样文.docx”。

实训 13　Word 综合应用

【实训目的】

1. 掌握 Word 中图片的插入、格式的设置方法。
2. 掌握 Word 中各种图形的绘制和格式的设置方法。
3. 掌握 Word 图文混排的方法。

【实训内容】

打开如图 1-13-1 所示的“实训 13 原文.docx”，完成下列操作后，将文档另存为“实训 13 样文.docx”，修改后的样文如图 1-13-2 所示。

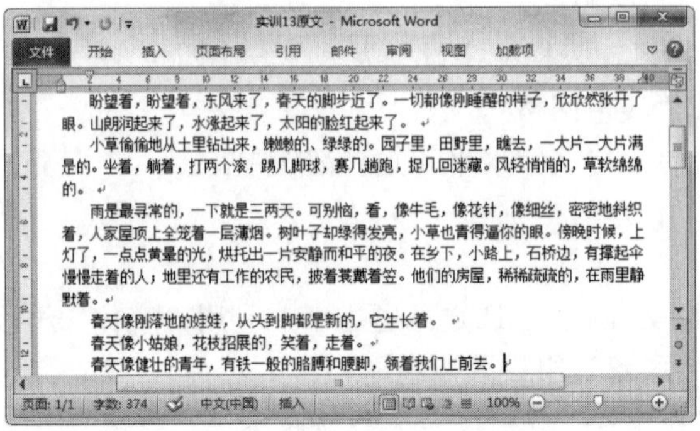

图 1-13-1　实训 13 原文.docx

图 1-13-2　实训 13 样文.docx

1．将前两段文字“盼望着……，草软绵绵的。”插入横排文本框，添加绿色、4.5 磅、由粗到细双线边框；文字设置为宋体、五号字。

2．将第三段文字“雨是最……，在雨里静默着。”插入竖排文本框，添加绿色、4.5 磅、由细到粗双线边框；文字设置为楷体、五号字。

3．将后三段文字“春天像……，领着我们上前去。”添加横排文本框，设置“左下斜偏移”阴影效果。

4．插入“图片 3_1.jpg”和“图片 3_2.jpg”。

5．插入基本形状“笑脸”，填充为黄色。

调整各个元素位置、大小、效果如图 1-13-2 所示。

【操作步骤】

1．创建横排文本框。

（1）选定前两段文字，选择“插入”选项卡→“文本”组→“文本框”下拉按钮→“绘制文本框”，调整文本框大小、位置。

（2）右击该文本框，选择快捷菜单中的“设置形状格式”，弹出“设置形状格式”对话框，单击“线型”选项，选择复合类型为“由粗到细”双线、宽度“4.5 磅”；单击“线条颜色”选项，设置“绿色”，单击“关闭”按钮。利用“字体”组设置宋体、五号。

2．创建竖排文本框。

（1）选定第三段文字，选择“插入”选项卡→“文本”组→“文本框”下拉按钮→“绘制竖排文本框”，调整文本框大小、位置。

（2）右击该文本框，选择快捷菜单中的“设置形状格式”，弹出“设置形状格式”对话框，单击“线型”选项，选择复合类型为“由细到粗”双线、宽度“4.5 磅”；单击“线条颜色”选项，设置“绿色”，单击“关闭”按钮。利用“字体”组设置楷体、五号。

3．设置形状效果。

（1）选定后三段文字，选择“插入”选项卡→“文本”组→“文本框”下拉按钮→“绘制文本框”，调整文本框大小、位置。

（2）选定该文本框，选择“绘图工具”中的“格式”选项卡→“形状样式”组→“形状效果”下拉按钮→“阴影”→“左下斜偏移”。

4．插入图片。

（1）选择“插入”选项卡→“插图”组→“图片”，弹出“插入图片”对话框，分别插入“图片 3_1.jpg”和“图片 3_2.jpg”。

（2）右击图片，选择快捷菜单中的“大小和位置”，单击“文字环绕”选项卡，设置“四周型”环绕方式。

（3）调整图片大小、位置。

5．选择“插入”选项卡→“插图”组→“形状”下拉按钮→“基本形状”中的，绘制笑脸形状。选择“绘图工具”中的“格式”选项卡→“形状样式”组→“形状填充”下拉按钮→“黄色”。

6．将文档另存为“实训 13 样文.docx”。

实训 14　Excel 的基本操作

【实训目的】

1．掌握 Excel 工作簿的建立、保存和打开方法。

2．熟练掌握单元格格式的设置方法。

3．熟练掌握排序、套用表格格式等操作。

【实训内容】

1．启动 Excel 2010，熟悉 Excel 2010 窗口的标题栏、功能区、快速访问工具栏。

2．按如图 1-14-1 所示原文输入数据，工作簿保存为“实训 14 原文.xlsx”。

3．将 A1:D1 单元格区域合并，内容居中，标题文字设置为楷体、20 磅、加粗；将 A2:D10 单元格区域内文字设置为宋体、14 磅、水平居中；将 A10:C10 单元格区域合并。

4．设置表格外边框为蓝色、双窄线；内边框为蓝色、细实线；第 2 行下边框和第 1 列右边框设置为蓝色、双窄线。

5．将“总计”行添加“白色，背景 1，深色 15%”底纹，数值设置为红色。

6．计算销售额、总计值。

7．将单价、销售额保留两位小数。

8．将 Sheet1 工作表重命名为“东方报亭营业额”。

9．将工作表按“销售额”降序排序。

以上操作的效果如图 1-14-2 所示。

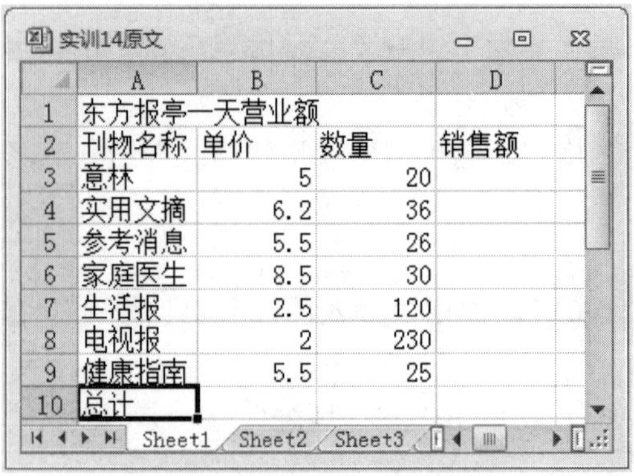

	A	B	C	D
1	东方报亭一天营业额			
2	刊物名称	单价	数量	销售额
3	意林	5	20	
4	实用文摘	6.2	36	
5	参考消息	5.5	26	
6	家庭医生	8.5	30	
7	生活报	2.5	120	
8	电视报	2	230	
9	健康指南	5.5	25	
10	总计			

图 1-14-1 实训 14 原文.xlsx

	A	B	C	D
1	东方报亭一天营业额			
2	刊物名称	单价	数量	销售额
3	电视报	2.00	230	460.00
4	生活报	2.50	120	300.00
5	家庭医生	8.50	30	255.00
6	实用文摘	6.20	36	223.20
7	参考消息	5.50	26	143.00
8	健康指南	5.50	25	137.50
9	意林	5.00	20	100.00
10	总计			1618.7

图 1-14-2 实训 14 样文.xlsx

10．建立工作表副本“东方报亭营业额（2）”，将该工作表套用表格格式“表样式浅色 2”。

11．将工作簿另存为“实训 14 样文.xlsx”。

【操作步骤】

1．执行“开始”→“所有程序”→“Microsoft Office”→“Microsoft Excel 2010”命令。

2．按如图 1-14-1 所示原文录入数据。选择“文件”选项卡→“保存”，弹出“另存为”对话框，保存类型为“Excel 工作簿”，输入文件名“实训 14 原文”。

3．标题行、表内文字的格式设定。

（1）选定 A1:D1 单元格区域，选择“开始”选项卡→“单元格”组→“格式”下拉按钮→“设置单元格格式”，弹出“设置单元格格式”对话框，单击“对齐”选项卡，选择水平“居中”、垂直“居中”及“合并单元格”；单击“字体”选项卡，设置楷体、20 磅、加粗。

（2）选定 A2:D10 单元格区域，利用“字体”组设置宋体、14 磅。在“对齐方式”组中单击“居中”按钮。

（3）选定 A10:C10 单元格区域，单击“对齐方式”组中的“合并后居中”按钮。

4．添加边框。

（1）选定 A2:D10 单元格区域，选择“开始”选项卡→“单元格”组→“格式”下拉按钮→“设置单元格格式”→“边框”选项卡→线条样式为双窄线→“蓝色”→单击预置“外边框”按钮。再选择样式为细实线→颜色为“蓝色”→预置“内部”按钮→“确定”按钮。

（2）选定 A2:D2 单元格区域→右击→“设置单元格格式”→“边框”选项卡→线条样式为双窄线→“蓝色”→单击两次“下边框”按钮。

（3）选定 A2:A9 单元格区域→右击→“设置单元格格式”→“边框”选项卡→样式为双窄线→“蓝色”→单击两次“右边框”按钮。

5．添加底纹。

（1）选定 A10:D10 单元格区域，选择“开始”选项卡→“字体”组→“填充颜色”下拉按钮→“白色，背景 1，深色 15%”底纹样式。

（2）单击 D10 单元格，利用“字体”组设置字体颜色为“红色”。

6．计算销售额、总计。

（1）单击 D3 单元格，输入公式=B3*C3，按 Enter 键。

（2）拖动 D3 单元格的填充柄到 D9 单元格。

（3）单击 D10 单元格，选择“开始”选项卡→“编辑”组→“自动求和”按钮Σ。

7．选定 B3:B9 单元格区域，按住 Ctrl 键，再选定 D3:D9 单元格区域，选择“开始”选项卡→“数字”组→对话框启动器，弹出“设置单元格格式”对话框，在“分类”列表中选择“数值”，设置“小数位数”为 2。

8．右击 Sheet1 标签，在快捷菜单中选择“重命名”，输入“东方报亭营业额”，按 Enter 键。

9．选定 A2:D9 单元格区域，选择“开始”选项卡→“编辑”组→“排序和筛选”下拉按钮→“自定义排序”，弹出“排序”对话框，选择主要关键字为“销售额”，次序为“降序”。

10．复制工作表、套用表格格式。

（1）右击“东方报亭营业额”工作表标签，在快捷菜单中选择“移动或复制”，弹出“移动或复制工作表”对话框，选择“建立副本”复选框，单击“确定”按钮。

（2）在工作表“东方报亭营业额（2）”中，选定 A2:D10 单元格区域，选择“开始”选项卡→“样式”组→“套用表格格式”→“表样式浅色 2”。

11．将工作簿另存为“实训 14 样文.xlsx”。

实训 15　Excel 公式与函数

【实训目的】

1．熟练掌握 Excel 中公式的使用方法。

2．掌握 Excel 中条件格式的设置方法。

3．掌握 AVERAGE、RANK、COUNT、COUNTIF 等函数的用法。

【实训内容】

打开工作簿“实训 15 原文.xlsx”，按下列要求操作后，另存为“实训 15 样文.xlsx”。

1．计算总评成绩（总评成绩=平时成绩+期中成绩×20%+期末成绩×60%）。

2．将“总评成绩”所在列设置条件格式：小于 60 的单元格填充“浅红填充色深红色文本”底纹。

3．计算成绩排名。

4．计算班级平均成绩。

5．计算分阶段统计人数。操作结果如图 1-15-1 所示。

实训15样文

	A	B	C	D	E	F	G	H
5	序号	学 号	姓 名	平时成绩	期中成绩	期末成绩	总评成绩	成绩排名
6	1	20130101	刘春晓	17	88	90	89	2
7	2	20130102	李小莉	18	78	86	85	5
8	3	20130103	张小曼	16	69	77	76	13
9	4	20130104	李平	19	90	95	94	1
10	5	20130105	刘欢	16	77	80	79	9
11	6	20130106	王东东	15	57	60	62	20
12	7	20130107	苑小西	15	80	78	78	10
13	8	20130108	张东海	15	78	86	82	8
14	9	20130109	李春梅	17	80	67	73	15
15	10	20130110	王丽丽	17	69	75	76	14
16	11	20130111	李严冬	18	75	66	73	16
17	12	20130112	张朋朋	15	69	67	69	18
18	13	20130113	李皙月	12	60	45	51	23
19	14	20130114	张大伟	16	69	78	77	12
20	15	20130115	马东旭	19	85	87	88	3
21	16	20130116	刘一冰	19	89	77	83	7
22	17	20130117	张宇宁	15	60	67	67	19
23	18	20130118	刘春丽	19	88	80	85	6
24	19	20130119	宋雪飞	15	66	69	70	17
25	20	20130120	张小栋	19	68	75	78	11
26	21	20130121	程志鹏	17	60	45	56	22
27	22	20130122	陈飞	14	61	54	59	21
28	23	20130123	赵进	19	80	85	86	4
29	平均分	75.4	成绩分段统计	90-100分	80-89分	70-79分	60-69分	59分以下
30				1	7	8	4	3

数学教育1班 / Sheet2 / Sheet3

图 1-15-1　实训 15 样文.xlsx

【操作步骤】

1．单击 G6 单元格，输入公式=D6+E6*0.2+F6*0.6，按 Enter 键，拖动 G6 单元格的填充柄到 G28 单元格。

2．设置条件格式。

（1）选定 G6:G28 单元格区域，选择“开始”选项卡→“样式”组→“条件格式”→“突出显示单元格规则”→“小于”，弹出“小于”对话框。

（2）在文本框中输入 60，在“设置为”下拉列表中选择“浅红填充色深红色文本”。

3．单击 H6 单元格，输入公式=RANK(G6,$G$6:$G$28)，按 Enter 键，拖动 H6 单元格的填充柄到 H28 单元格。

4．单击 B29 单元格，输入公式=AVERAGE(G6:G28)，按 Enter 键。

5．计算各分数段人数。

（1）单击 D30 单元格，输入公式=COUNTIF(G6:G28,">=90")，按 Enter 键。

（2）单击 E30 单元格，输入公式=COUNTIF(G6:G28,">=80")-D30，按 Enter 键。

（3）单击 F30 单元格，输入公式=COUNTIF(G6:G28,">=70")-E30-D30，按 Enter 键。

（4）单击 G30 单元格，输入公式=COUNTIF(G6:G28,">=60")-COUNTIF(G6:G28, ">=70")，按 Enter 键。

（5）单击 H30 单元格，输入公式=COUNTIF(G6:G28,"<60")，按 Enter 键。

6. 将工作簿另存为“实训 15 样文.xlsx”。

实训 16　Excel 数据图表化

【实训目的】

1. 熟练掌握图表的创建方法。
2. 掌握图表的修改方法。
3. 掌握图表对象的格式化方法。

【实训内容】

打开如图 1-16-1 所示的工作簿“实训 16 原文. xlsx”，完成下列操作后，将工作簿另存为“实训 16 样文.xlsx”。

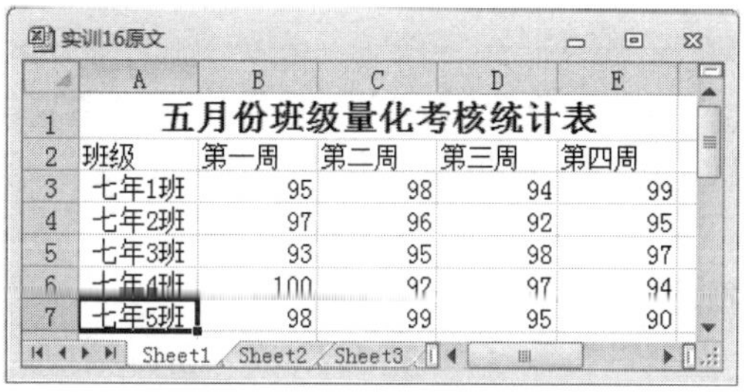

实训16原文

	A	B	C	D	E
1	五月份班级量化考核统计表				
2	班级	第一周	第二周	第三周	第四周
3	七年1班	95	98	94	99
4	七年2班	97	96	92	95
5	七年3班	93	95	98	97
6	七年4班	100	92	97	94
7	七年5班	98	99	95	90

Sheet1 Sheet2 Sheet3

图 1-16-1　实训 16 原文.xlsx

1. 选择 A2:E7 单元格区域，建立“簇状柱形图”，X 轴上的项为班级，标题为“量化考核统计图”，插入到该工作表的 A9:G22 单元格区域内，如图 1-16-2 所示。

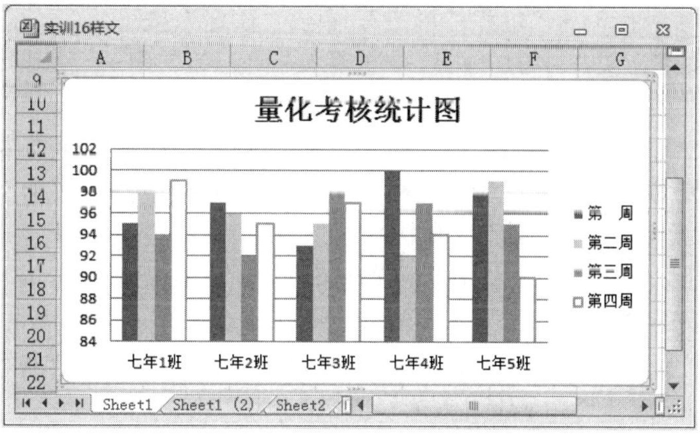

图 1-16-2　实训 16 样文.xlsx（样文 1）

2．复制 Sheet1 工作表；在副本工作表 Sheet1(2)中，修改图表类型为“堆积柱形图”；显示所有数据系列的值；图表标题格式：12 磅、加粗、“右下斜偏移”阴影效果、实线边框；绘图区格式：填充“白色，背景 1，深色 5%”底纹样式。如图 1-16-3 所示。

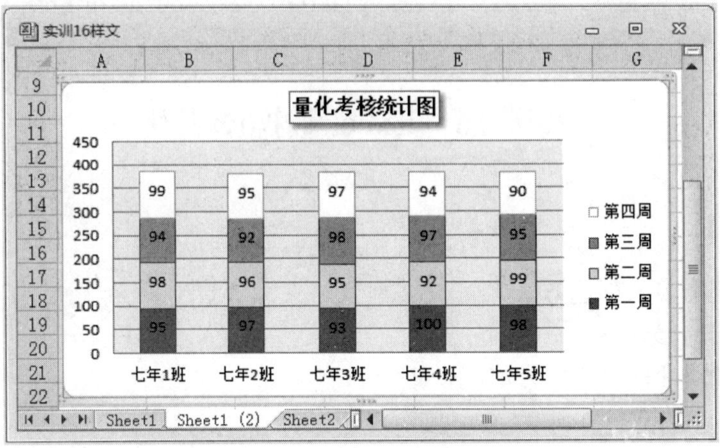

图 1-16-3　实训 16 样文.xlsx（样文 2）

【操作步骤】

1．建立图表。

（1）选定 A2:E7 单元格区域，选择“插入”选项卡→“图表”组→对话框启动器，弹出“插入图表”对话框，默认选择“柱形图”→“簇状柱形图”，单击“确定”按钮。

（2）选定图表，选择“图表工具”中的“设计”选项卡→“图表布局”组→“布局 1”，输入图表标题“量化考核统计图”。

（3）调整图表位置、大小，将其移至 A9:G22 单元格区域内。

2．修改图表、格式化图表。

（1）右击 Sheet1 工作表标签→“移动或复制”→“建立副本”复选框，单击“确定”按钮，生成 Sheet1(2)工作表。

（2）单击 Sheet1(2)工作表标签，选定图表，选择“图表工具”中的“设计”选项卡→“类型”组→“更改图表类型”→“堆积柱形图”，单击“确定”按钮。

（3）选择“图表工具”中的“布局”选项卡→“标签”组→“数据标签”→“数据标签内”。

（4）选定图表标题“量化考核统计图”，右击，选择“设置图表标题格式”，弹出“设置图表标题格式”对话框，单击“阴影”选项，在“预设”下拉列表中选择“右下斜偏移”。单击“边框颜色”选项，选择“实线”，单击“关闭”按钮。

（5）选定图表标题，利用“字体”组设定字形加粗、字号为 12。

（6）选定图表的绘图区，右击，选择“设置绘图区格式”，弹出“设置绘图区格式”对话框，单击“填充”选项，选择“纯色填充”单选按钮，在“颜色”下拉列表中选择“白色，背景 1，深色 5%”底纹样式，单击“关闭”按钮。

3．将工作簿另存为“实训 16 样文.xlsx”。

实训 17　Excel 数据筛选与分类汇总

【实训目的】

1．熟练掌握 Excel 中自动筛选方法。
2．熟练掌握数据表的排序、分类汇总操作。
3．掌握数据透视表的创建方法。

【实训内容】

打开如图 1-17-1 所示的“实训 17 原文. xlsx”，完成下列操作后，另存为“实训 17 样文.xlsx”。

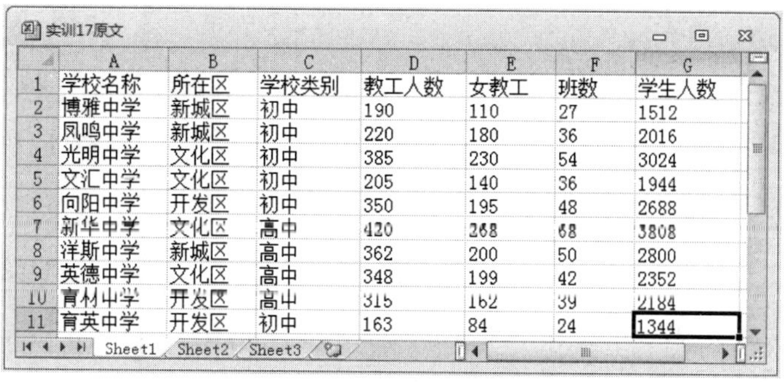

	A	B	C	D	E	F	G
1	学校名称	所在区	学校类别	教工人数	女教工	班数	学生人数
2	博雅中学	新城区	初中	190	110	27	1512
3	凤鸣中学	新城区	初中	220	180	36	2016
4	光明中学	文化区	初中	385	230	54	3024
5	文汇中学	文化区	初中	205	140	36	1944
6	向阳中学	开发区	初中	350	195	48	2688
7	新华中学	文化区	高中	420	268	68	3808
8	洋斯中学	新城区	高中	362	200	50	2800
9	英德中学	文化区	高中	348	199	42	2352
10	育材中学	开发区	高中	315	162	39	2184
11	育英中学	开发区	初中	163	84	24	1344

图 1-17-1　实训 17 原文.xlsx

1．将工作表 Sheet1 中的数据表分别复制到 Sheet2 和 Sheet3 中。

2．对工作表 Sheet1 内的数据表进行自动筛选，条件为“文化区或开发区的初中学校”，如图 1-17-2 所示。

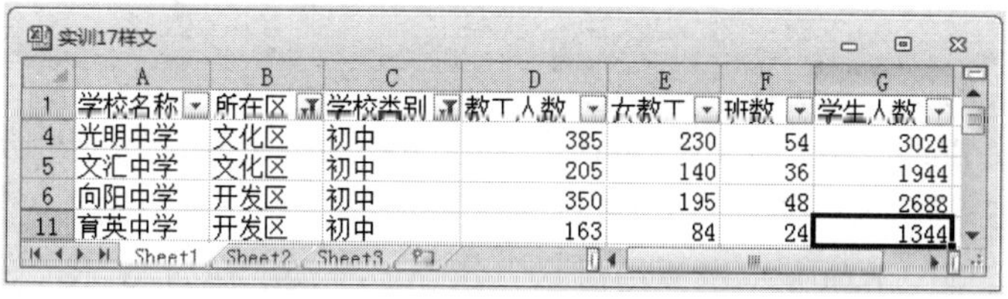

	A	B	C	D	E	F	G
1	学校名称	所在区	学校类别	教工人数	女教工	班数	学生人数
4	光明中学	文化区	初中	385	230	54	3024
5	文汇中学	文化区	初中	205	140	36	1944
6	向阳中学	开发区	初中	350	195	48	2688
11	育英中学	开发区	初中	163	84	24	1344

图 1-17-2　实训 17 样文.xlsx（样文 1）

3．对工作表 Sheet2 内的数据表进行分类汇总，统计每个区的教工总人数和学生总人数，如图 1-17-3 所示。

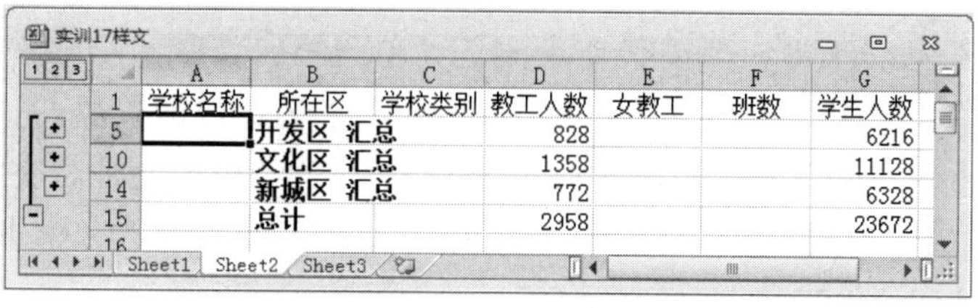

	A	B	C	D	E	F	G
1	学校名称	所在区	学校类别	教工人数	女教工	班数	学生人数
5		开发区 汇总		828			6216
10		文化区 汇总		1358			11128
14		新城区 汇总		772			6328
15		总计		2958			23672
16							

图 1-17-3　实训 17 样文.xlsx（样文 2）

4．对工作表 Sheet3 内的数据表创建数据透视表，统计每个区每类学校教工总人数和学生总人数，透视表在 A13 单元格开始创建，如图 1-17-4 所示。

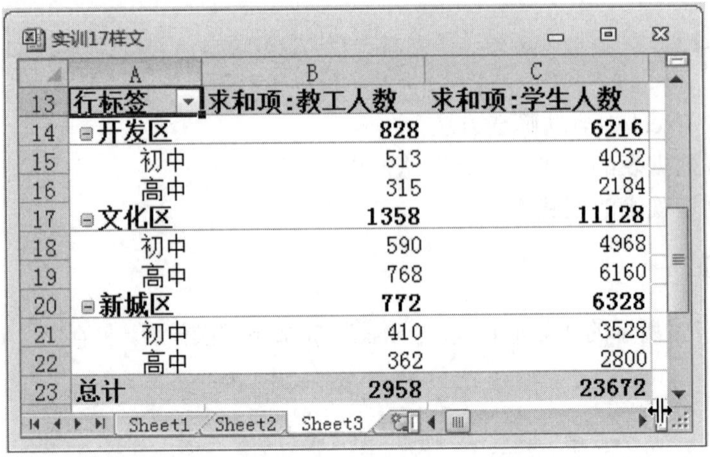

	A	B	C
13	行标签	求和项:教工人数	求和项:学生人数
14	⊟开发区	828	6216
15	初中	513	4032
16	高中	315	2184
17	⊟文化区	1358	11128
18	初中	590	4968
19	高中	768	6160
20	⊟新城区	772	6328
21	初中	410	3528
22	高中	362	2800
23	总计	2958	23672

图 1-17-4　实训 17 样文.xlsx（样文 3）

【操作步骤】

1．在工作表 Sheet1 中，选定 A1:G11 单元格区域，按 Ctrl+C 快捷键，单击 Sheet2 的 A1 单元格，按 Ctrl+V 快捷键；再单击 Sheet3 的 A1 单元格，按 Ctrl+V 快捷键。

2．自动筛选。

（1）在工作表 Sheet1 中，单击数据表中的任一单元格，选择“数据”选项卡→“排序和筛选”组→“筛选”按钮。

（2）单击“所在区”自动筛选按钮，保留“开发区”和“文化区”的勾选，取消其他项的选定。

（3）单击“学校类别”自动筛选按钮，保留“初中”的勾选。

3．分类汇总（先按分类字段“所在区”进行排序）。

（1）在工作表 Sheet2 中，单击“所在区”列的任一单元格，选择“数据”选项卡→“排序和筛选”组→“升序”按钮。

（2）选择“数据”选项卡→“分级显示”组→“分类汇总”，弹出“分类汇总”对话框，选择分类字段为“所在区”，汇总方式为“求和”，汇总项选择“教工人数”和“学生人数”复选框，单击“确定”按钮。

（3）单击 Sheet2 工作表左上角的 2 级汇总显示。

4．创建数据透视表。

（1）在工作表 Sheet3 中，单击数据表中任一单元格，选择“插入”选项卡→“表格”组→“数据透视表”下拉按钮→“数据透视表”，弹出“创建数据透视表”对话框，选择放置位置为现有工作表、A13 单元格，单击“确定”按钮，弹出“数据透视表字段列表”任务窗格。

（2）选择添加到报表中的字段：所在区、学校类别、教工人数、学生人数。

5．将工作簿另存为“实训 17 样文.xlsx”。

实训 18　PowerPoint 的基本操作

【实训目的】

1．掌握演示文稿的建立、保存和打开操作。
2．熟练掌握幻灯片的插入、删除、复制、移动等操作。
3．熟练掌握幻灯片版式、背景、设计主题的设置方法。

【实训内容】

1．启动 PowerPoint 2010，按图 1-18-1 所示输入数据，演示文稿保存为“实训 18 原文.pptx”。

2．在最后一张幻灯片之后插入一张新幻灯片，输入标题“目录”及文本框中的三行文字：第 1 行“版面设计”，第 2 行“插入对象”，第 3 行“动画设置”；将该幻灯片移为第 2 张幻灯片。

3．将整个演示文稿应用“暗香扑面”主题，修改主题颜色为“奥斯汀”。

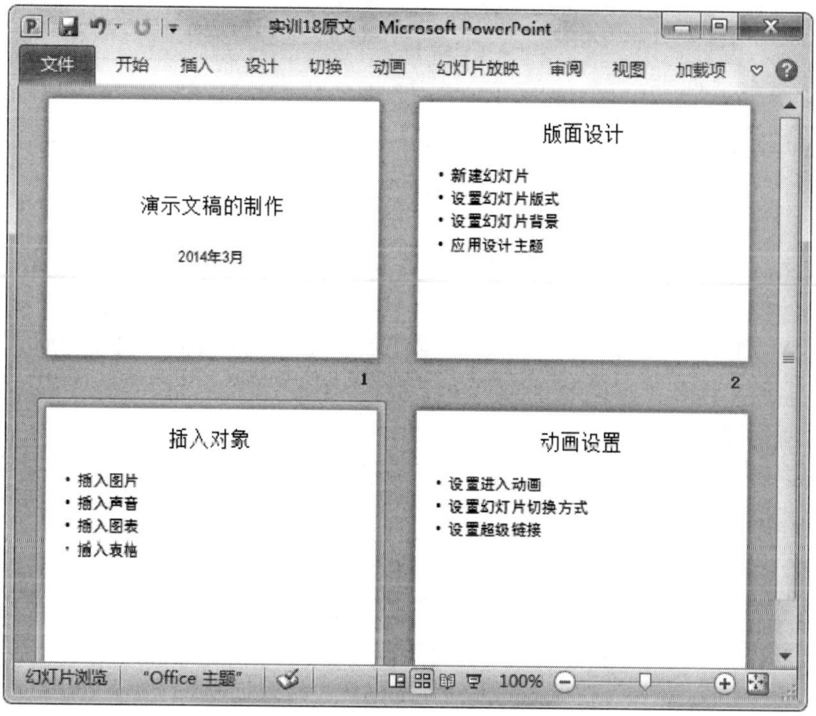

图 1-18-1　实训 18 原文.pptx

4．将第 1 张幻灯片标题文字设置为华文彩云、66 磅、阴影、加粗、白色；副标题设置为蓝色（自定义标签中的红色 0，绿色 0，蓝色 255）。

5．将第 2 张幻灯片填充预设颜色“雨后初晴”。

6．将第 5 张幻灯片设置“垂直排列标题与文本”版式。

7．将“实训 18 原文.pptx”另存为“实训 18 样文.pptx”，如图 1-18-2 所示。

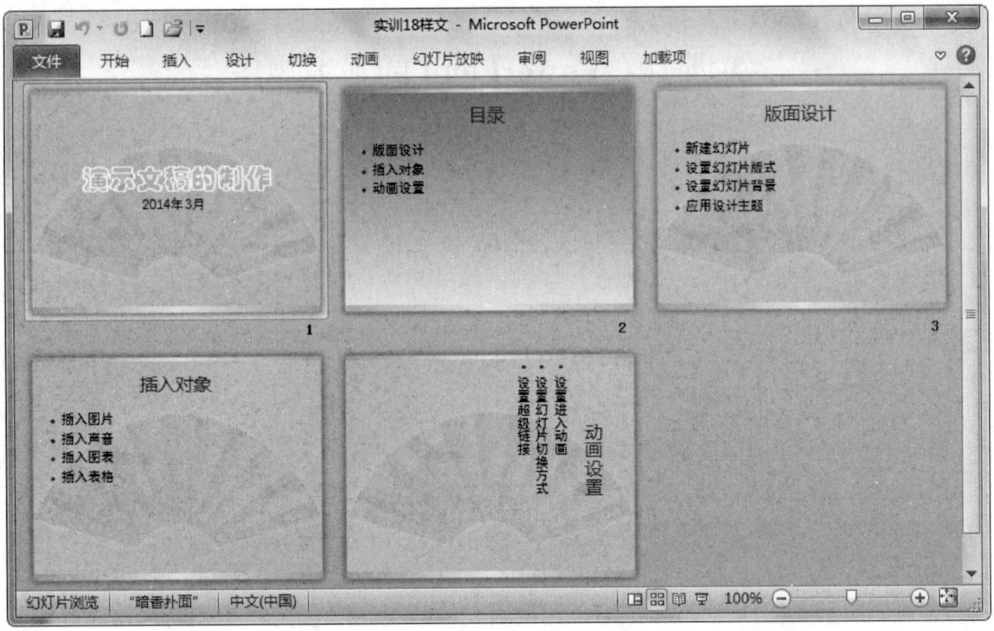

图 1-18-2　实训 18 样文.pptx

【操作步骤】

1．创建演示文稿。

（1）执行“开始”→“所有程序”→“Microsoft Office”→“Microsoft PowerPoint 2010”命令。

（2）按原文输入数据；选择“开始”选项卡→“幻灯片”组→“新建幻灯片”按钮，插入新幻灯片。

（3）选择“文件”选项卡→“保存”，弹出“另存为”对话框，保存类型为“PowerPoint 演示文稿”，输入文件名“实训 18 原文”。

2．插入新幻灯片。

（1）选定最后一张幻灯片，选择“开始”选项卡→“幻灯片”组→“新建幻灯片”按钮，输入标题和文本框中的各行文字。

（2）在“大纲”窗格中拖动新幻灯片到第 2 张幻灯片位置。

3．应用设计主题。

（1）选择“设计”选项卡→“主题”组→“暗香扑面”样式。

（2）选择“设计”选项卡→“主题”组→“颜色”下拉按钮→“奥斯汀”。

4．设置第 1 张幻灯片标题格式。

（1）选定第 1 张幻灯片标题，利用“字体”组，设置华文彩云、66 磅、阴影、加粗、白色。

（2）选定副标题，选择“开始”选项卡→“字体”组→“字体颜色”下拉按钮→“其他颜色”，弹出“颜色”对话框，单击“自定义”选项卡，设置红色 0、绿色 0、蓝色 255，单击“确定”按钮。

5. 设置第 2 张幻灯片背景。

（1）选定第 2 张幻灯片。

（2）右击，在快捷菜单中选择“设置背景格式”，弹出“设置背景格式”对话框，选择“填充”选项→“渐变填充”单选按钮→“预设颜色”下拉按钮→“雨后初晴”，单击“关闭”按钮。

6. 设置第 5 张幻灯片版式。

（1）选定第 5 张幻灯片。

（2）选择“开始”选项卡→“幻灯片”组→“幻灯片版式”下拉按钮→“垂直排列标题与文本”。

7. 选择“文件”选项卡→“另存为”，弹出“另存为”对话框，保存类型为“PowerPoint 演示文稿”，输入文件名“实训 18 样文”。

实训 19　在演示文稿中插入对象

【实训目的】

1. 熟练掌握幻灯片版式的设置方法。
2. 掌握各种对象的插入方法。

【实训内容】

打开“实训 18 样文.pptx”，另存为“实训 19.pptx”。在“实训 19.pptx”中，完成下列操作：

1. 在第 4 张幻灯片后，插入一张新幻灯片，将新幻灯片设置为“两栏内容”版式。在第 5 张幻灯片中，输入标题“插入对象”，在左侧内容占位符中插入剪贴画 buildings，在右侧内容占位符中插入来自文件的“图片 5_1.jpg”。如图 1-19-1 所示。

2. 在第 5 张幻灯片后，插入一张新幻灯片，将新幻灯片设置为“两栏内容”版式。在第 6 张幻灯片中，输入标题“插入对象”，插入 2 项内容，在左侧内容占位符中插入表格，右侧插入图表。表格内容及对应图表如图 1-19-1 所示。表格文字 20 磅、内容居中。

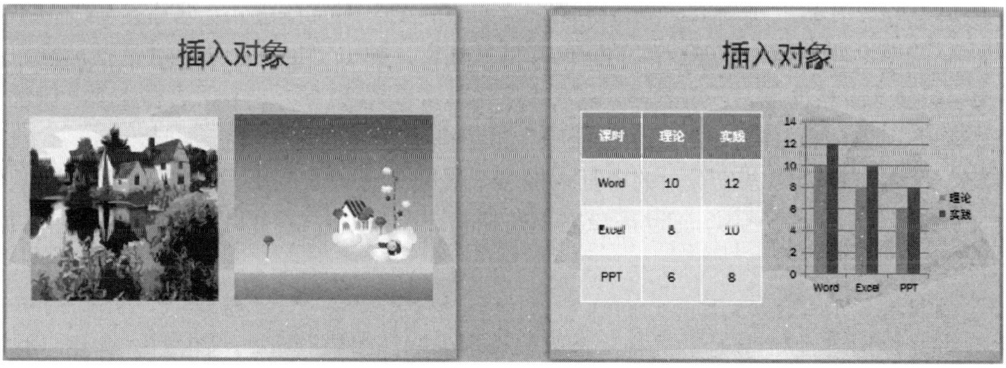

图 1-19-1　实训 19.pptx 中第 5、6 张幻灯片

3．在第 2 张幻灯片中插入“图片 5_2.gif”，绘制一个标注图形，如图 1-19-2 所示。

图 1-19-2　实训 19.pptx 中第 2 张幻灯片

【操作步骤】

打开“实训 18 样文.pptx”，选择“开始”选项卡→“另存为”，保存为“实训 19.pptx”，在新演示文稿中，完成下列操作：

1．创建第 5 张幻灯片。

（1）选定第 4 张幻灯片，按 Ctrl+M 快捷键，在第 4 张幻灯片后新建了一张幻灯片。

（2）输入第 5 张幻灯片标题文字“插入对象”。

（3）选择“开始”选项卡→“幻灯片”组→“版式”下拉按钮→“两栏内容”。

（4）单击左侧内容占位符中的“剪贴画”按钮，弹出“剪贴画”任务窗格，单击“搜索”按钮，找到后单击名字为 buildings 的剪贴画。调整剪贴画的大小及位置。

（5）单击右侧内容占位符中的“插入来自文件的图片”按钮，弹出“插入图片”对话框，选择“图片 5_1.jpg”。

2．创建第 6 张幻灯片。

（1）选定第 5 张幻灯片，按 Ctrl+M 快捷键，在第 5 张幻灯片后新建了一张幻灯片。

（2）输入第 6 张幻灯片标题文字“插入对象”。

（3）选择“开始”选项卡→“幻灯片”组→“版式”下拉按钮→“两栏内容”。

（4）单击左侧内容占位符中的“插入表格”按钮，弹出“插入表格”对话框，输入列数 3、行数 4。输入表格文字。选定表格，利用“字体”组设置 20 磅。选择“表格工具”中的“布局”选项卡→“对齐方式”组→“水平居中”按钮和“垂直居中”按钮。

（5）单击右侧内容占位符中的“插入图表”按钮，选择“簇状柱形图”，插入一个默认图表，在对应的 Excel 表格中，拖动区域右下角调整图表数据区域，再将数据更新，关闭 Excel 文件。

3．修改第 2 张幻灯片。

（1）选定第 2 张幻灯片，选择“插入”选项卡→“图像”组→“图片”，弹出“插入图片”对话框，选择“图片 5_2.gif”，单击“打开”按钮。调整大小及位置。

（2）选择“插入”选项卡→“插图”组→“形状”→“标注”→“圆角矩形标注”，拖动绘制一个“圆角矩形标注”，添加文字“欢迎使用目录导航”。调整大小及位置。

实训 20　在演示文稿中设置动画

【实训目的】

1．熟练掌握动画的设置方法。

2．熟练掌握幻灯片切换方式的设置方法。

3．掌握超链接的建立及幻灯片的放映方法。

【实训内容】

打开“实训 19.pptx”，另存为“实训 20.pptx”。在“实训 20.pptx”中完成下列操作：

1．将全部幻灯片切换方式设置为“形状”。

2．在第 1 张幻灯片中插入来自文件的声音“蓝色多瑙河.mp3”，在上一动画之后播放，在第 6 张幻灯片之后停止。

3．按图 1-20-1 所示样文修改第 2 张幻灯片，建立超链接：文本框中的编号“1.”链接到第 3 张幻灯片、编号“2.”链接到第 4 张幻灯片、编号“3.”链接到第 7 张幻灯片。

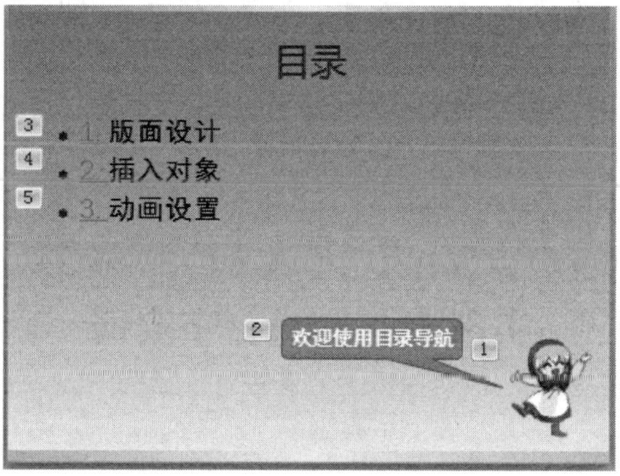

图 1-20-1　实训 20.pptx 中第 2 张幻灯片

4．将标注添加“向左擦除”的动画效果，将文本框添加“棋盘”动画效果，将图片添加“出现”动画效果。并调整动画顺序，依次是图片、标注、文本框。

5．观看放映，查看动画效果。

【操作步骤】

打开“实训 19.pptx”，选择“文件”选项卡→“另存为”，保存为“实训 20.pptx”，在该演示文稿中进行下列操作：

1．选择“切换”选项卡→“切换到此幻灯片”组→“其他”效果按钮→“形状”，在“计时”组中单击“全部应用”按钮。

2．插入声音。

（1）选定第1张幻灯片，选择“插入”选项卡→“媒体”组→“音频”下拉按钮→“文件中的音频”，在“插入音频”对话框中选择“蓝色多瑙河.mp3”文件。

（2）选择“动画”选项卡→“高级动画”组→“动画窗格”按钮，右击“蓝色多瑙河.mp3”动画对象，在快捷菜单中选择“效果选项”，弹出“播放音频”对话框，设置“停止播放”为“在 6 张幻灯片后”。单击“计时”选项卡，在“开始”列表中选择“上一动画之后”，单击“确定”按钮。

3．在第2张幻灯片中，建立超链接。

（1）选定第2张幻灯片，为文本框各行文字增加编号，如图1-20-1所示。

（2）选择编号“1.”，右击，选择“超链接”，弹出“插入超链接”对话框，在“链接到”中单击“本文档中的位置”，选择第3张幻灯片。

（3）建立另外两个超链接，步骤同上。

4．在第2张幻灯片中，设置动画效果。

（1）选定标注图形，选择“动画”选项卡→“高级动画”组→“添加动画”下拉按钮→“更多进入效果”，弹出“添加进入效果”对话框，选择“擦除”效果，单击“确定”按钮。单击“效果选项”下拉按钮，选择“自右侧”。

（2）选定文本框，选择“动画”选项卡→“高级动画”组→“添加动画”下拉按钮→“更多进入效果”，弹出“添加进入效果”对话框，选择“棋盘”效果，单击“确定”按钮。

（3）选定图片，选择“动画”选项卡→“动画”组→“出现”效果。

（4）选择“动画”选项卡→“高级动画”组→“动画窗格”按钮，在“动画窗格”任务窗格中，拖动图片动画对象至最开始处，顺序如图1-20-1所示。

5．选择“幻灯片放映”选项卡→“开始放映幻灯片”组→“从头开始”按钮。

6．保存演示文稿，退出PowerPoint。

实训21　键盘打字实训

【实训目的】

1．了解键盘的构成，掌握各键位的功能及字符的输入方法。

2．掌握正确的指法和打字姿势。

3．掌握一种汉字输入方法，熟练进行汉字录入工作。

【实训内容】

1．利用应用软件“金山打字通2016”练习英文打字。

2．利用应用软件“金山打字通2016”练习汉字录入。

【操作步骤】

1．启动应用软件“金山打字通2016”，打开如图1-21-1所示的主界面窗口。

图 1-21-1 “金山打字通 2016”主界面窗口

2. 单击主界面窗口中的“新手入门”图标，弹出如图 1-21-2 所示的窗口。

图 1-21-2 “新手入门”窗口

（1）单击“打字常识”图标，在这里学习键盘键位分布、标准指法、打字姿势。

（2）单击“字母键位”图标，熟悉主键盘区 26 个英文字母键位。

（3）单击“数字键位”图标，练习主键盘区 10 个数字键及数字小键盘区的使用。

（4）单击“符号键位”图标，练习主键盘区中各种符号的输入。

单击窗口左上角的“首页”链接，返回主界面窗口。

3. 单击主界面窗口中的“英文打字”图标，进行英文单词、语句、文章的打字练习。

4. 单击主界面窗口中的“拼音打字”图标，弹出如图 1-21-3 所示的窗口，学习拼音输入法，进行音节练习、词组练习、文章练习。

5. 单击主界面窗口中的“五笔打字”图标，弹出如图 1-21-4 所示的窗口，学习五笔字型输入法，进行单字练习、词组练习、文章练习。

图 1-21-3　“拼音打字”窗口

图 1-21-4　“五笔打字”窗口

6．练习结束后，单击主界面窗口右上角的“关闭”按钮⊠，退出“金山打字通 2016”。

实训 22　音频文件的采集与制作

【实训目的】

1．掌握 Windows 7 下音量的调节和设置方法。
2．掌握用“录音机”程序录制声音的方法。

【实训内容】

使用 Windows 7“录音机”程序录制配乐诗朗诵，要求播放背景音乐“红旗颂.mp3”的同时有感情地朗读“我骄傲我是中国人.docx”文档内容，将文件保存在“D:\多媒体”文件夹下，文件名为“诗朗诵.wma”。

【操作步骤】

1．设置“立体声混音”。

（1）将麦克风连接到计算机。

（2）右击任务栏上的“扬声器”图标→“录音设备 ”，打开“声音”对话框。

（3）选择“录制”选项卡，右击空白区→选择“显示禁用的设备”复选框。

（4）右击新出现在对话框中的“立体声混音”→“启用”。

（5）再次右击“立体声混音”→“设置为默认设备”，完成设置。

2．设置“麦克风增强”。

（1）选择“开始”→“控制面板”→“Realtek 高清晰音频管理器”，打开“Realtek 高清晰音频管理器”对话框。

（2）选择“麦克风”选项卡，单击“麦克风增强”按钮，打开“麦克风增强”对话框，拖动滑块调节增强值。

（3）选择“立体声混音”选项卡，调节“录制音量”至合适的位置，完成设置。

3．录制声音文件。

（1）打开“我骄傲我是中国人.docx”文档，为朗读做准备。

（2）选择“开始”→“所有程序”→“附件”→“录音机”命令，打开如图 1-22-1（a）所示的“录音机”程序。

（3）使用已安装的一种播放软件，开始播放“红旗颂.mp3”作为背景音乐。

（4）单击“录音机”对话框中的● 开始录制(S)按钮，此时已经开始录音，只需要对着麦克风朗读“我骄傲我是中国人.docx”文档内容，音量指示器窗口出现声音波形。

（5）若要停止录音，则单击■ 停止录制(S)按钮，如图 1-22-1（b）所示，弹出的“另存为”对话框中，如果想继续录音，应单击“取消”按钮，返回“录音机”对话框，如图 1-22-1（c）所示，单击● 继续录制(S) 按钮，继续录音；若确定结束录音，则应在“另存为”对话框中选择保存位置为“D:\多媒体”，输入文件名“诗朗诵”，单击“保存”按钮，完成录音。

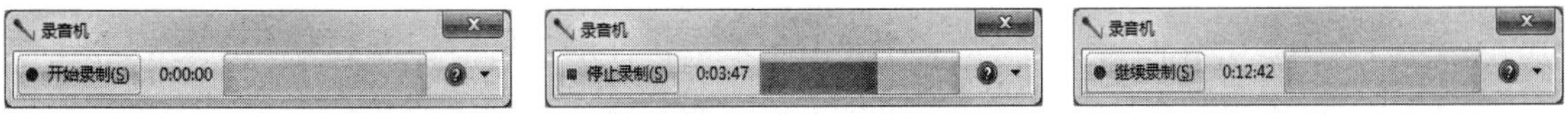

（a）“开始录制”按钮的使用　（b）“停止录制”按钮的使用　（c）“继续录制”按钮的使用

图 1-22-1 “录音机”的使用

实训 23　360 杀毒软件的使用

【实训目的】

1．掌握 360 杀毒软件的使用。

2．熟悉 360 杀毒软件的升级设置。

【实训内容】

1．使用 360 杀毒软件查杀病毒。
2．升级 360 杀毒软件病毒库。

【操作步骤】

360 杀毒软件是一款免费的云安全杀毒软件，为计算机系统提供全面的安全防护。具有实时病毒防护功能，对系统访问到的对象自动、及时检测；也可以在用户的操控下，按照用户的要求扫描检测。

1．自动查杀病毒。

（1）当文件被访问时，360 杀毒软件会自动对文件进行扫描，如果发现病毒立即发出警告，如图 1-23-1 所示。

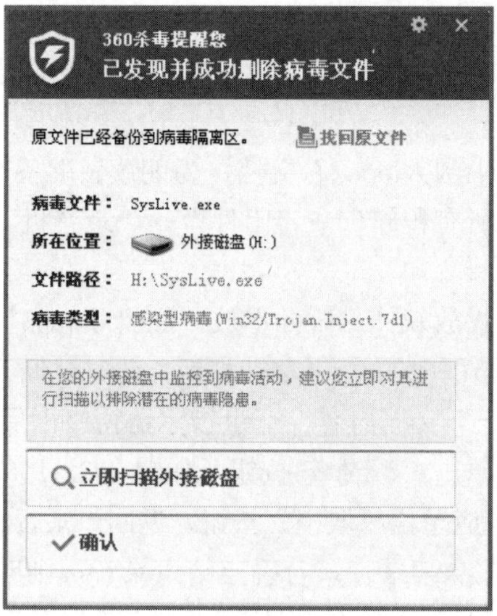

图 1-23-1　实时病毒防护发现病毒界面

（2）当使用移动存储设备时，如 U 盘，360 杀毒软件也会自动扫描 U 盘，如果发现病毒，会打开如图 1-23-2 所示的界面，单击“立即处理”按钮即可及时清除病毒。

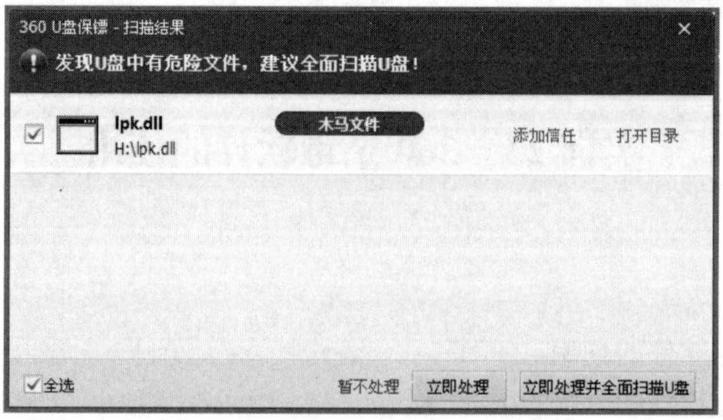

图 1-23-2　扫描 U 盘发现病毒界面

2．手动查杀病毒。

（1）启动 360 杀毒软件，打开如图 1-23-3 所示的操作主界面。选择“全盘扫描”扫描本机所有磁盘；或者选择“快速扫描”扫描 Windows 系统目录及 Program Files 目录。

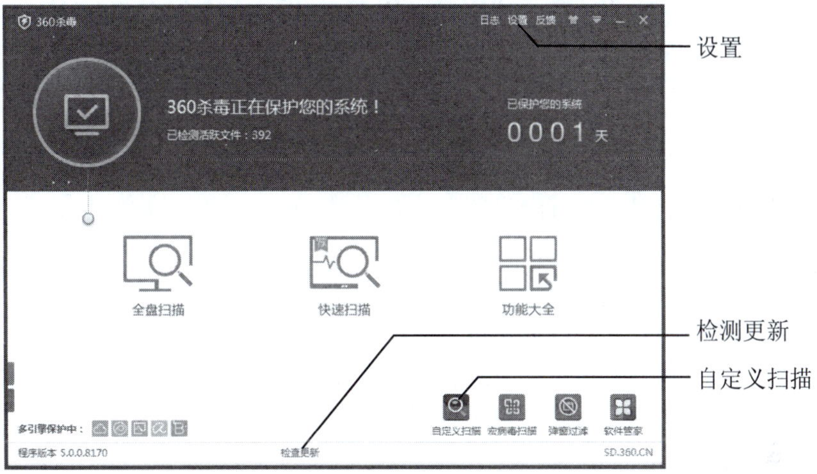

图 1-23-3　360 杀毒软件主界面

（2）在如图 1-23-3 所示的主界面中，单击窗口右下方的“自定义扫描”，可以选择指定的文件夹或文件进行扫描。

（3）也可以在选定的文件或文件夹上右击，选择“使用 360 杀毒扫描”命令，对选定的文件或文件夹进行扫描。

3．升级病毒库。

（1）开启自动升级功能。360 杀毒软件会在有升级可用时，自动下载并安装升级文件。设置方法：在如图 1-23-3 所示的主界面中，单击窗口右上角的“设置”，打开如图 1-23-4 所示的“360 杀毒-设置”对话框，在“升级设置”的“自动升级设置”中，选择“自动升级病毒特征库及程序”，单击“确定”按钮，完成设置。

图 1-23-4　“360 杀毒-设置”对话框

（2）可以在如图 1-23-3 所示的主界面上，单击窗口下方的“检查更新”，打开升级界面，升级主程序和病毒库到最新版本。

实训 24　360 安全卫士应用软件的使用

【实训目的】

1．掌握 360 安全卫士的使用。
2．熟悉 360 安全卫士的升级设置。

【实训内容】

1．使用 360 安全卫士对计算机进行全面体检。
2．使用 360 安全卫士对计算机进行木马查杀、电脑清理、系统修复、优化加速。
3．使用 360 安全卫士对计算机进行软件管理。

【操作步骤】

360 安全卫士是一款免费的计算机防护软件，具有电脑体检、木马查杀、漏洞修复、插件清理、电脑救援、隐私保护、垃圾及痕迹清理等多种功能。

1．电脑体检。

（1）启动 360 安全卫士应用软件，打开如图 1-24-1 所示的操作界面，默认打开的是“我的电脑”体检界面。

图 1-24-1　360 安全卫士“我的电脑”体检界面

（2）单击“立即体检”按钮，开始对计算机进行故障检测、垃圾检测、安全检测、速度提升检测。体检结束后可以单击“一键清理”，以保证计算机安全流畅地运行。

2．木马查杀。

（1）在如图 1-24-1 所示的操作界面中单击“木马查杀”，切换至如图 1-24-2 所示界面。

（2）单击“快速查杀”按钮，开始对计算机进行木马扫描。扫描结束后若发现木马病毒，应立即清除。

图 1-24-2　360 安全卫士“木马查杀”界面

3．电脑清理。

（1）在如图 1-24-1 所示的操作界面中单击“电脑清理”，切换至如图 1-24-3 所示的界面。

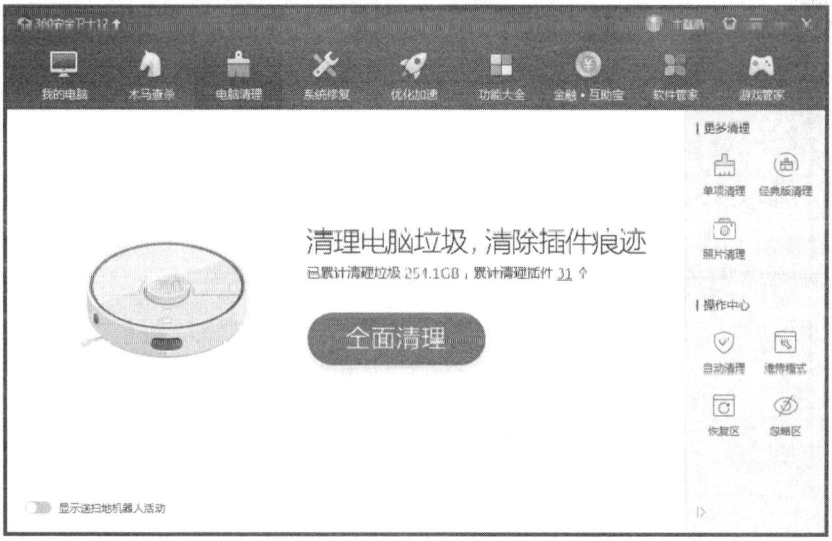

图 1-24-3　360 安全卫士“电脑清理”界面

（2）单击“全面清理”按钮，开始对计算机中的垃圾、痕迹、注册表、插件、Cookie 等进行扫描。扫描结束后可以单击“一键清理”，为计算机释放更多的存储空间，使计算机运行更流畅。

4．系统修复。

（1）在如图 1-24-1 所示的操作界面中单击“系统修复”，切换至如图 1-24-4 所示的界面。

图 1-24-4　360 安全卫士“系统修复”界面

（2）单击“全面修复”按钮开始对系统漏洞和系统故障进行扫描及修复，以确保计算机正常使用。

5．优化加速。

（1）在如图 1-24-1 所示的操作界面中单击“优化加速”，切换至如图 1-24-5 所示的界面。

图 1-24-5　360 安全卫士“优化加速”界面

（2）单击“全面加速”按钮，开始对开机加速、系统提速、网络加速、硬盘加速几方面进行优化检测。扫描检测后可以单击“立即优化”，提升计算机的工作速度。

6．功能大全。

（1）在如图 1-24-1 所示的操作界面中单击“功能大全”，切换至如图 1-24-6 所示的界面。

图 1-24-6　360 安全卫士“功能大全”界面

（2）功能大全中拥有大量的计算机工具软件，可以帮助用户解决计算机出现的各种疑难杂症，如软件无法彻底卸载、文件被误删等。

7．软件管家。

（1）在如图 1-24-1 所示的操作界面中单击“软件管家”，打开如图 1-24-7 所示的窗口。

图 1-24-7　“360 软件管家”窗口

（2）软件管家是软件下载的平台，有着海量软件资源，还具备软件升级、软件净化、软件卸载等功能，使用方便、安全，有助于用户更好地管理计算机软件。

8．软件升级。

在如图 1-24-1 所示的操作界面中单击右上方的主菜单，选择“检测更新”，打开如图 1-24-8 所示的下载界面，将“360 安全卫士”主程序和木马库升级到最新版本。

图 1-24-8　“360 安全卫士-升级”界面

实训 25　驱动人生应用软件的使用

【实训目的】

1．掌握驱动人生应用软件的使用。
2．熟练个人计算机的驱动优化。

【实训内容】

1．使用驱动人生对计算机进行硬件检测。
2．使用驱动人生为计算机更新驱动程序。
3．使用驱动人生对计算机优化加速。

【操作步骤】

计算机系统中各个外设接口都需要驱动程序的支持，驱动人生是一款免费的驱动管理软件，可智能检测硬件，并提供最新驱动更新，以及本机驱动备份、还原、卸载等功能。

1．驱动体检。

（1）启动驱动人生应用软件，如图 1-25-1 所示，默认打开的是“驱动体检”操作界面。

图 1-25-1 驱动人生“驱动体检”界面

（2）单击“立即体检”按钮，开始对计算机检测驱动状态，检测完成后会列出检测结果，如图 1-25-2 所示，如果需要修复、升级，可单击“一键安装”按钮。

图 1-25-2 驱动人生“驱动体检”结果示例

2．驱动管理。

在如图 1-25-1 所示的操作界面中单击“驱动管理”，立即检测本机驱动程序的备份状态，检测结果如图 1-25-3 所示。可以在窗口下方选项按钮中选择“驱动备份”“驱动还原”或“驱动卸载”等操作。

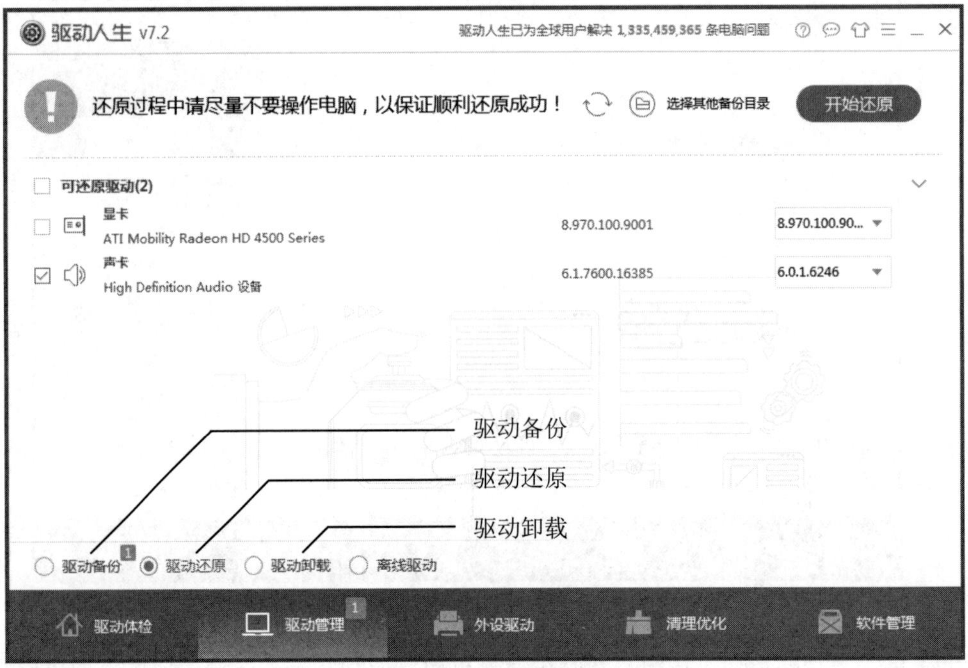

图 1-25-3　驱动人生“驱动管理”示例

3．外设驱动。

在如图 1-25-1 所示的操作界面中单击“外设驱动”，立即检测键盘、鼠标、打印机、无线网卡等外部设备的接入、驱动安装情况，以及修复功能。支持网络打印机检测与安装。检测结果如图 1-25-4 所示。

图 1-25-4　驱动人生“外设驱动”示例

4．清理优化。

在如图 1-25-1 所示的操作界面中单击“清理优化”，切换至如图 1-25-5 所示的界面，单击“火速扫描”按钮，开始对驱动包、垃圾文件、优化加速性进行检测，扫描结束后可以一键优化。

图 1-25-5　驱动人生“清理优化”界面

实训 26　360 压缩软件的使用

【实训目的】

掌握 360 压缩软件的压缩、解压、加密压缩方法。

【实训内容】

1．使用 360 压缩软件压缩 D:\net 中的文件夹“影像”。

2．使用 360 压缩软件对 D:\net 中的文件夹“图片”进行加密压缩。

3．使用 360 压缩软件解压 D:\nct\海景.zip 文件。

【操作步骤】

1．压缩文件夹。

（1）在 D 盘 net 文件夹中，找到文件夹“影像”。如果需要压缩前后文件名相同，可右击“影像”文件夹→选择“添加到‘影像.zip’”命令，完成文件压缩。

（2）若需自行定义压缩文件名，可右击“影像”文件夹→选择“添加到压缩文件”命令，弹出图 1-26-1 所示的对话框，输入压缩文件名，单击“立即压缩”按钮。

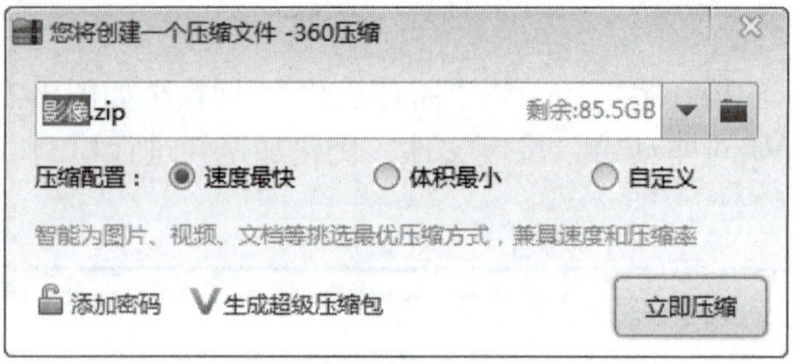

图 1-26-1　360 压缩文件对话框

2．加密压缩文件夹。

（1）在 D 盘 net 文件夹中，找到文件夹“图片”。右击“图片”文件夹→“添加到压缩文件”命令，弹出压缩文件对话框，参见图 1-26-1。

（2）单击对话框右边的选项按钮“自定义”，单击窗口左下角的“添加密码”，弹出“添加密码”对话框，输入密码，单击“确定”，如图 1-26-2 所示。

（3）输入压缩文件名，单击“立即压缩”按钮。

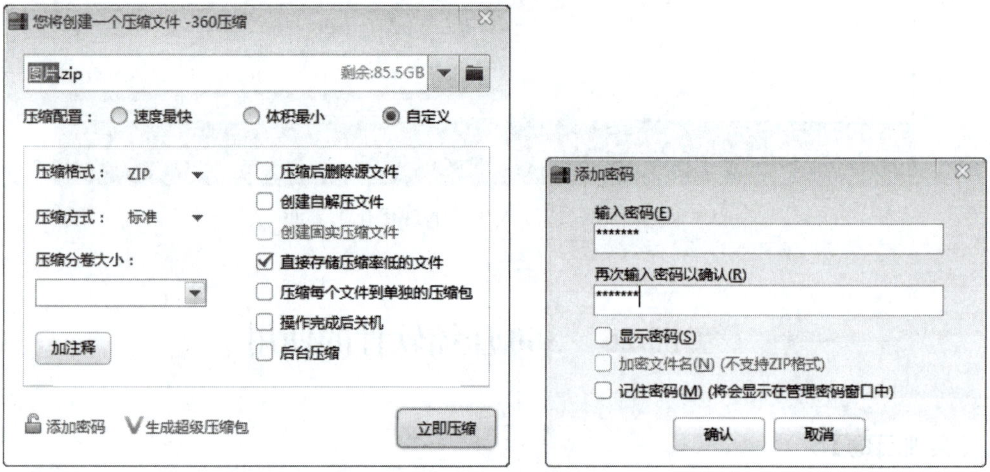

图 1-26-2　360 加密压缩文件

3．解压文件。

（1）在 D 盘 net 文件夹中找到待解压的文件“海景.zip”。若解压后需保存到当前文件夹下，可右击“海景.zip”文件→“解压到当前文件夹”，即可解压。

（2）若需自行定义解压后文件路径，可右击“海景.zip”文件→“解压到”，弹出如图 1-26-3 所示的对话框，选择文件解压的目标路径，单击“立即解压”按钮。

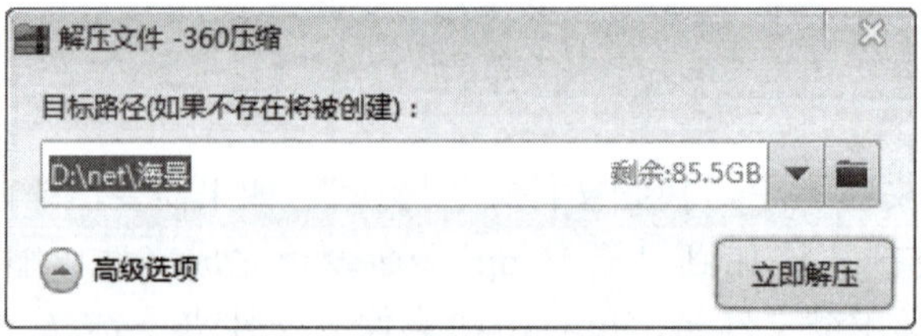

图 1-26-3　360 解压文件对话框

实训 27　IE 浏览器的使用

【实训目的】

1．掌握浏览网页的方法。
2．掌握设置 IE 浏览器主页的方法。
3．掌握收藏夹的使用方法。

【实训内容】

1．浏览网易网首页，并链接到网易新闻网页。
2．设置网易网首页为 IE 浏览器主页。
3．将网易新闻网页添加到收藏夹。

【操作步骤】

1．浏览网页。

（1）双击桌面上 IE 浏览器图标，打开 IE 浏览器。在 IE 浏览器窗口的地址栏中输入网易网首页地址 http://www.163.com，按 Enter 键，网易网首页在 IE 浏览器窗口中显示出来，如图 1-27-1 所示。

图 1 27 1　网易网首页

（2）找到网易网首页左上方的“新闻”链接，单击该链接打开网易新闻网页。

2．设置 IE 浏览器主页。

（1）选择“工具”菜单→“Internet 选项”命令，弹出“Internet 选项”对话框，如图 1-27-2 所示。

（2）在“常规”选项卡下的“主页”栏中，输入 http://www.163.com，单击“确定”按钮。

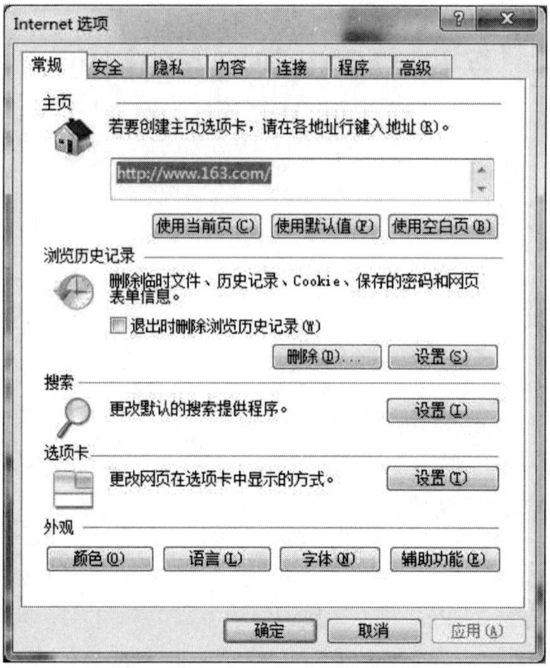

图 1-27-2 “Internet 选项”对话框

3．添加到收藏夹。

（1）打开网易新闻网页。

（2）选择“收藏夹”菜单→“添加到收藏夹”命令，弹出如图 1-27-3 所示的“添加收藏”对话框，单击“添加”按钮。

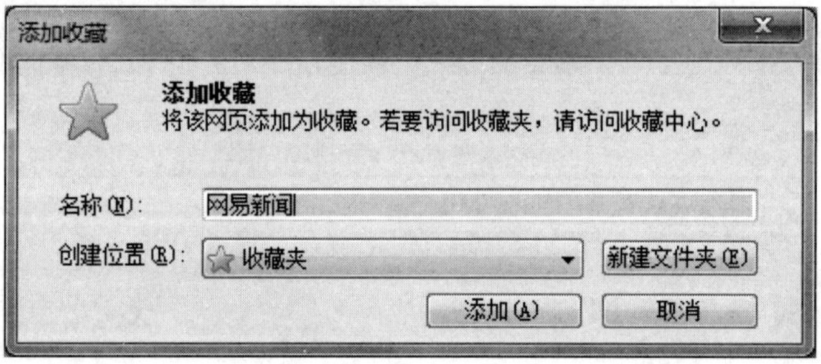

图 1-27-3 “添加收藏”对话框

实训 28 保存网页及图片下载

【实训目的】

1．了解网页搜索引擎的使用。

2．掌握保存网页的方法。

3．掌握下载图片、文字的方法。

【实训内容】

1．打开百度网，搜索“人民网”官方网站链接。

2．将“人民网”网站首页保存到 D:\net 文件夹中，保存文件名为“人民网主页”，保存为默认的文件类型。

3．在人民网首页任选一张图片，以 JPEG 格式保存在 D:\net 文件夹中，文件名为 down。

4．浏览人民网上的一篇新闻，把新闻中的一个自然段文字保存到 D:\net 文件夹中，保存文件名为 new.txt。

【操作步骤】

1．使用搜索引擎。

（1）双击桌面上的 IE 浏览器图标，打开 IE 浏览器窗口。

（2）在地址栏中输入 http://www.baidu.com，按 Enter 键，打开百度网首页，如图 1-28-1 所示。

图 1-28-1　百度首页

（3）在搜索框中输入“人民网”，按 Enter 键。百度网页中显示搜索结果。

2．保存网页。

（1）单击百度搜索结果中的“人民网 官方”链接，打开人民网主页。

（2）选择“文件”菜单→“另存为”命令，弹出“保存网页”对话框，如图 1-28-2 所示。

（3）在导航窗格或地址栏选择保存位置为 D 盘 net 文件夹，在文件名处输入“人民网主页”，单击“保存”按钮。

3．下载图片。

（1）在人民网（http://www.people.com.cn/）首页，选择任意一张图片，右击→“图片另存为”命令，弹出“保存图片”对话框，如图 1-28-3 所示。

（2）在导航窗格或地址栏选择保存位置为 D 盘 net 文件夹，在文件名处输入 down，保存类型选择“JPEG（*.jpg）”，单击“保存”按钮。

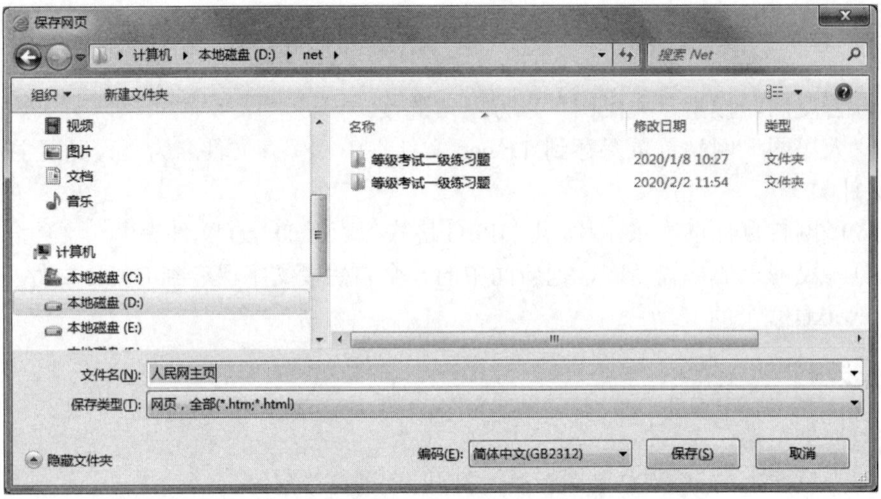

图 1-28-2 “保存网页”对话框

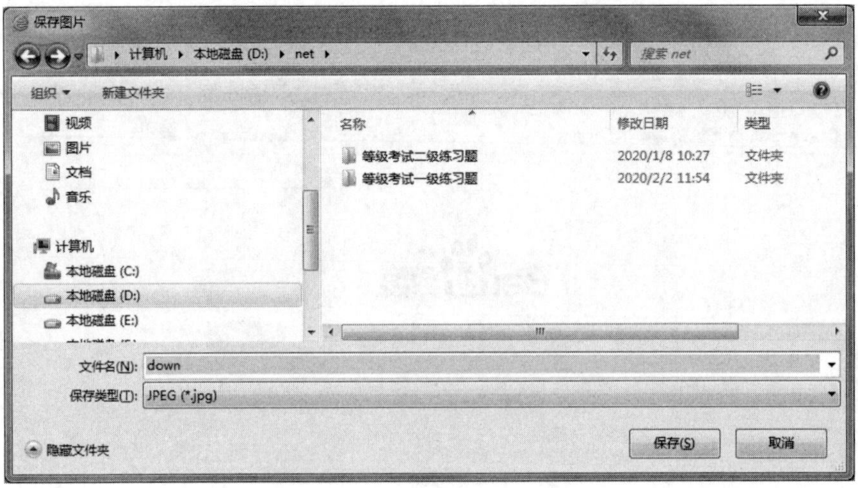

图 1-28-3 “保存图片”对话框

4．保存文字。

（1）在人民网（http://www.people.com.cn/）首页任意打开一个新闻链接。

（2）选择一段文字，按 Ctrl+C 快捷键。

（3）打开 D 盘 net 文件夹，在空白处右击→“新建”→“文本文档”命令，输入文件名 new，双击打开记事本，按 Ctrl+V 快捷键，保存文件。

实训 29 免费电子邮箱的申请和使用

【实训目的】

1．熟悉免费电子邮箱的申请方法。

2．熟悉免费电子邮箱的使用。

【实训内容】

1. 申请网易免费电子邮箱。
2. 在网易网上收发电子邮件。

【操作步骤】

1. 申请免费电子邮箱。

（1）双击桌面上的 IE 浏览器图标，打开 IE 浏览器窗口。

（2）在地址栏中输入http://www.163.com，按 Enter 键，打开网易首页。

（3）在网易首页右上方单击“注册免费邮箱”，进入网易免费邮箱注册页面，如图 1-29-1 所示。

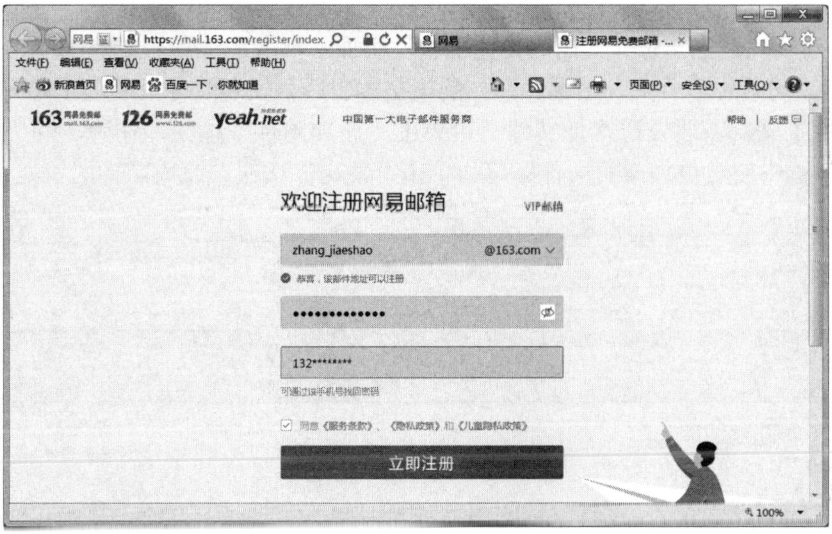

图 1-29-1　网易免费邮箱注册页面

（4）按提示要求填写账户名称、密码、联系电话等相关信息，单击“立即注册”按钮，按照提示操作，经过手机验证后，注册成功。

2. 收发电子邮件。

（1）登录电子邮箱。用 IE 浏览器打开网易首页，选择窗口右上方的邮箱图标→“免费邮箱”，打开如图 1-29-2 所示的邮箱账号登录页面，输入账号和密码，单击“登录”按钮，进入网易免费邮箱页面。

（2）接收电子邮件。在网易免费邮箱页面，单击“收件箱”或“收信”按钮，显示收件箱页面，如图 1-29-3 所示。单击待阅读的邮件，打开并查看该邮件内容，如有附件，可在页面上查看附件并下载。

图 1-29-2　网易邮箱账号登录界面

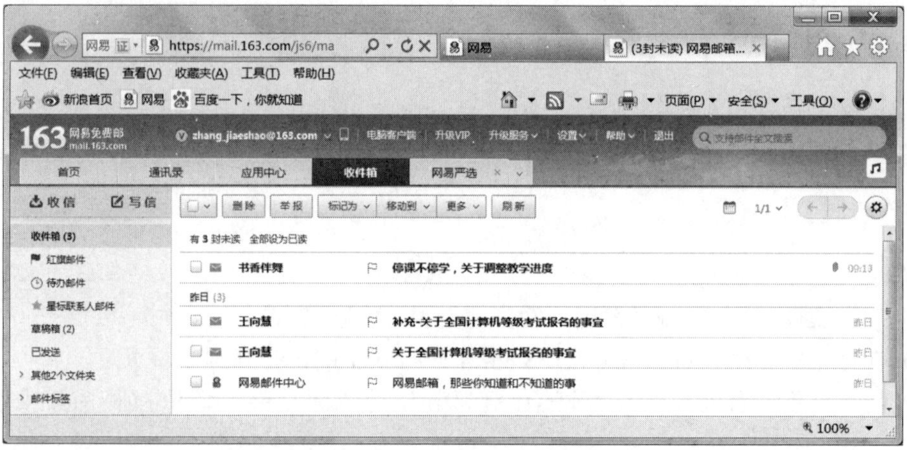

图 1-29-3 网易免费邮箱收件箱页面

（3）撰写和发送电子邮件。在网易免费邮箱页面，单击“写信”按钮，显示写信页面，如图 1-29-4 所示。分别在收件人、主题、下方的正文编辑区，填写收件人的电子邮箱地址、邮件的主题、邮件正文。若要发送本地文件，可单击“添加附件”按钮，在弹出的“选择要加载的文件”对话框中双击待加载的文件即可。单击“发送”按钮，完成邮件的发送。

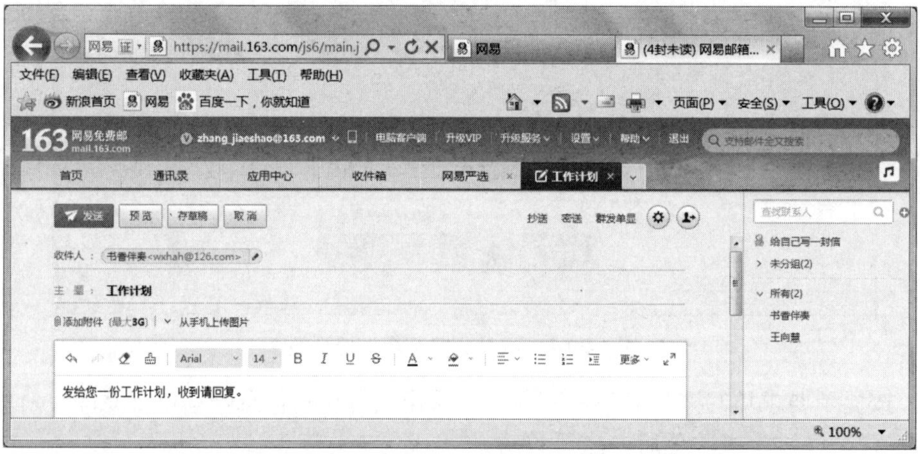

图 1-29-4 网易免费邮箱写信页面

实训 30 Outlook 账户设置

【实训目的】

掌握 Outlook 账户设置的方法。

【实训内容】

1. 将电子邮件地址 realcoffee11@163.com 设置为 Outlook 账户。
2. 删除 Outlook 已有账户。

【操作步骤】

1．为 Outlook 添加新账户。

（1）选择“开始”菜单→“所有程序”→“Microsoft Office”→“Microsoft Outlook 2010”命令，打开 Outlook。

（2）选择“文件”选项卡→“信息”选项，弹出“账户信息”窗口，如图 1-30-1 所示。

图 1-30-1　Outlook“账户信息”窗口

（3）选择“添加账户”，弹出如图 1-30-2 所示的“添加新账户”对话框。

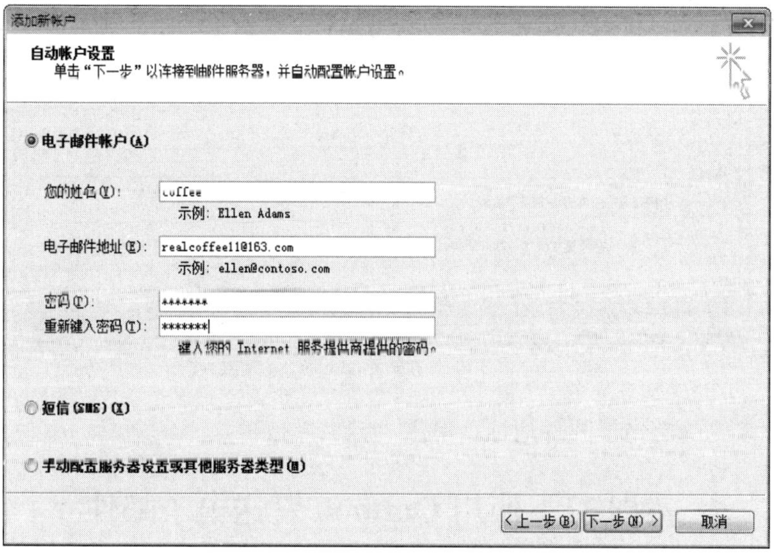

图 1-30-2　“添加新账户”对话框（填写电子邮件账户信息）

（4）填写姓名、电子邮件地址、密码，单击“下一步”按钮，窗口提示正在配置。几分钟后，对话框显示如图 1-30-3 所示，单击“完成”按钮。

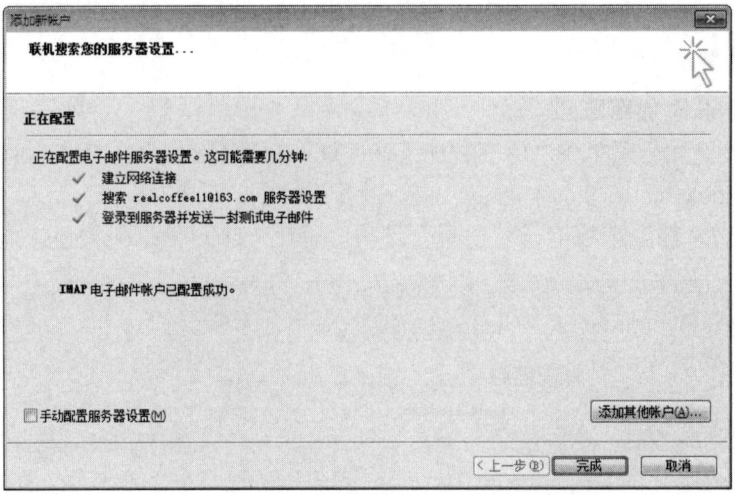

图 1-30-3　“添加新账户”对话框（电子邮件账户配置成功）

2．删除 Outlook 已有账户。

（1）打开 Outlook，选择“文件”选项卡→“信息”选项→“账户设置”按钮→“添加和删除账户或更改现有连接设置”（参见图 1-30-1），弹出如图 1-30-4 所示的“账户设置”对话框。

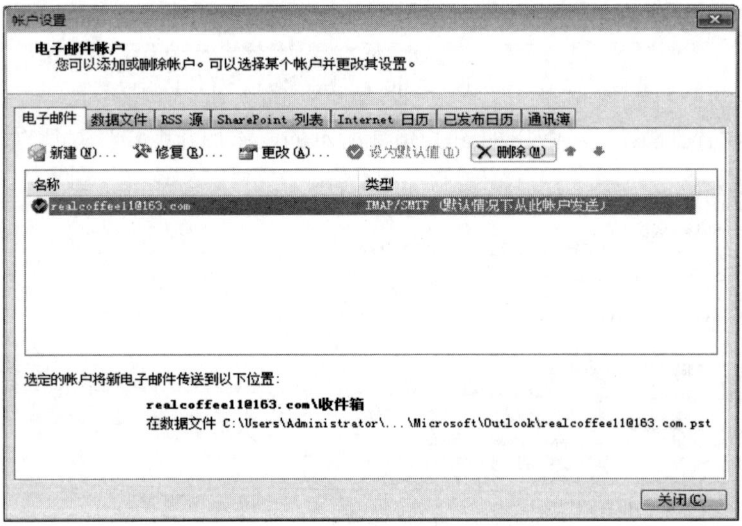

图 1-30-4　“账户设置”对话框

（2）选中要删除的电子邮件地址，单击“删除”按钮。

实训 31　使用 Outlook 发送电子邮件

【实训目的】

掌握 Outlook 发送电子邮件的方法。

【实训内容】

利用 Outlook 给 decembersnow2013@163.com 发送电子邮件，和 Snow 女士共同赏析李白的诗文《将进酒》，同时把信件抄送给 warmwintersky@sohu.com，具体如下：

收件人：decembersnow2013@163.com

抄送：warmwintersky@sohu.com

主题：《将进酒》赏析

信件内容：Snow：你好。最近又读李白的诗文《将进酒》，有一些新的解读，现随邮件发送给你，共同赏析。

附件：D:\net\《将进酒》赏析.doc

【操作步骤】

（1）选择“开始”菜单→“所有程序”→“Microsoft Office”→“Microsoft Outlook 2010”命令，打开 Outlook。

（2）选择“开始”选项卡→“新建”组→“新建电子邮件”，打开撰写电子邮件窗口，如图 1-31-1 所示。

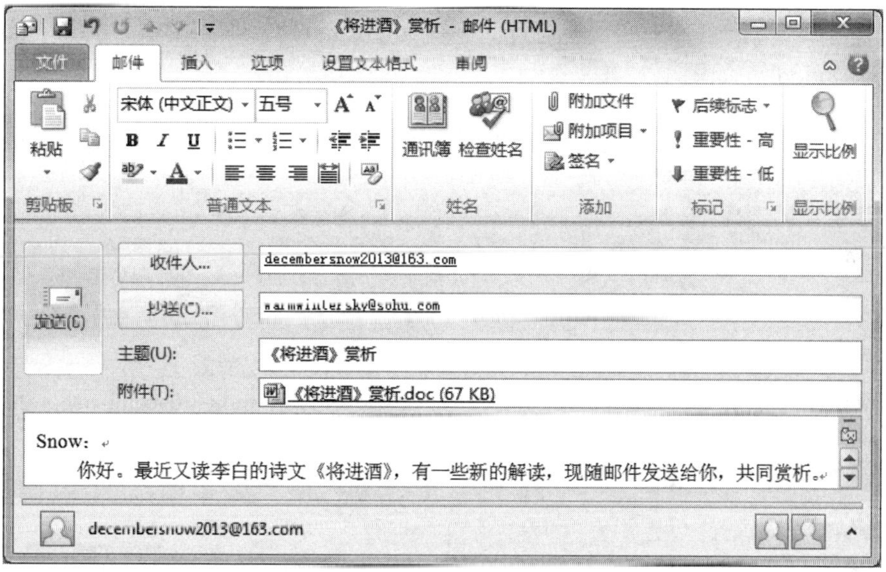

图 1-31-1　撰写电子邮件窗口

（3）填写下列内容：

收件人：decembersnow2013@163.com

抄送：warmwintersky@sohu.com

主题：《将进酒》赏析

信件内容：Snow：你好。最近又读李白的诗文《将进酒》，有一些新的解读，现随邮件发送给你，共同赏析。

（4）添加附件：选择“邮件”选项卡→“添加”组→“附加文件”，在弹出的“插入文件”对话框中找到“《将进酒》赏析.doc”，单击“插入”按钮，返回撰写电子邮件窗口。

（5）单击“发送”按钮，完成电子邮件的发送。

实训 32　使用 Outlook 接收电子邮件

【实训目的】

掌握 Outlook 接收电子邮件的方法。

【实训内容】

1．利用 Outlook 接收 decembersnow2013@163.com 发来的电子邮件，把附件保存在 D 盘 net 文件夹中。

2．答复 decembersnow2013@163.com，信件内容为“谢谢！”。

【操作步骤】

1．接收 decembersnow2013@163.com 发来的电子邮件。

（1）选择“开始”菜单→“所有程序”→“Microsoft Office”→“Microsoft Outlook 2010”命令，打开 Outlook，如图 1-32-1 所示。

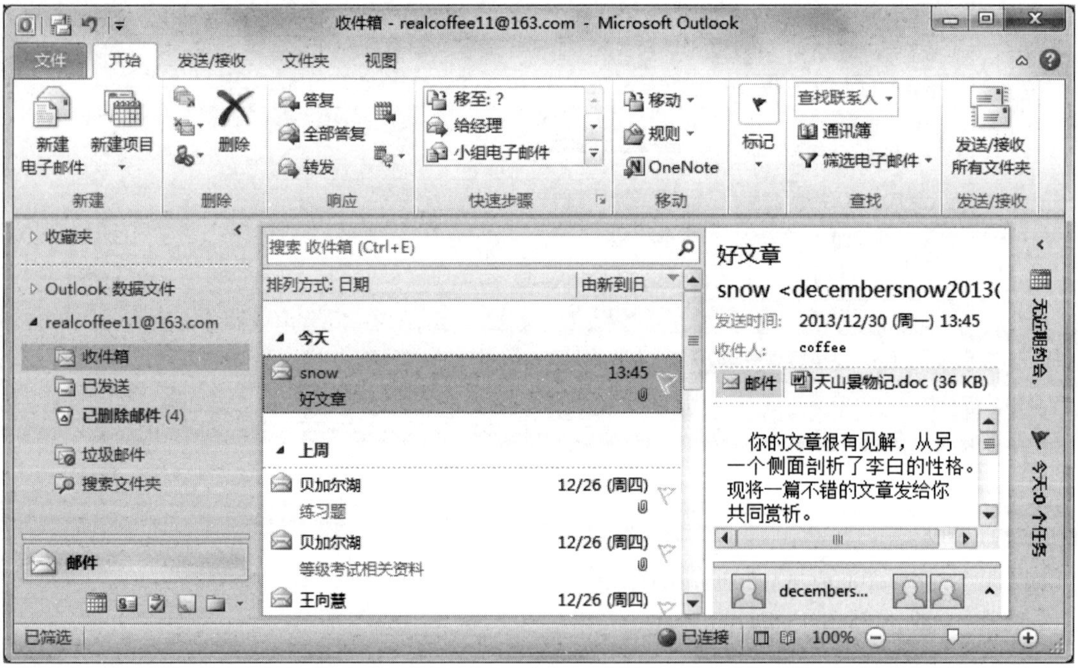

图 1-32-1　接收电子邮件窗口

（2）在收件箱的电子邮件列表中，双击 decembersnow2013@163.com 发来的主题为“好文章”的邮件，打开如图 1-32-2 所示的阅读电子邮件窗口。

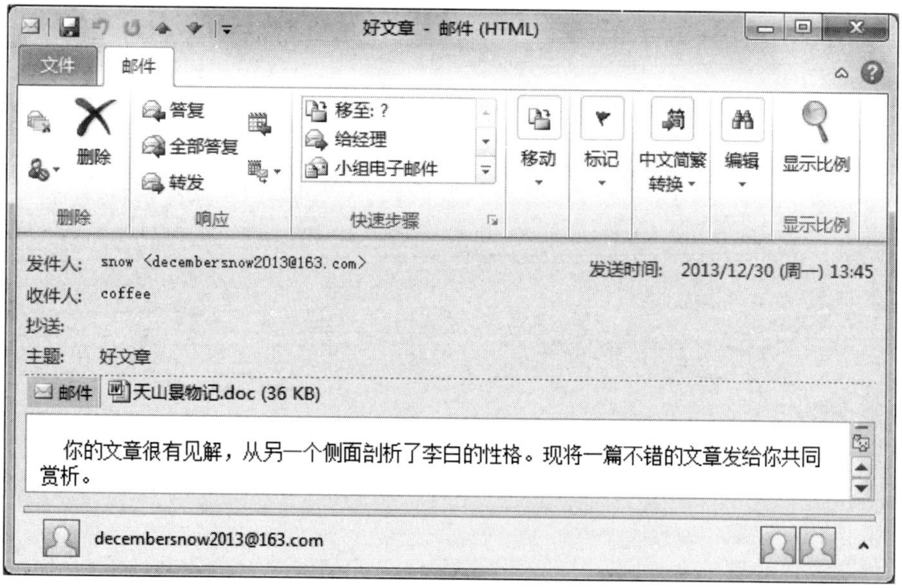

图 1-32-2 阅读电子邮件窗口

（3）单击附件文件名“天山景物记.doc”，打开附件工具“附件”选项卡，如图 1-32-3 所示。

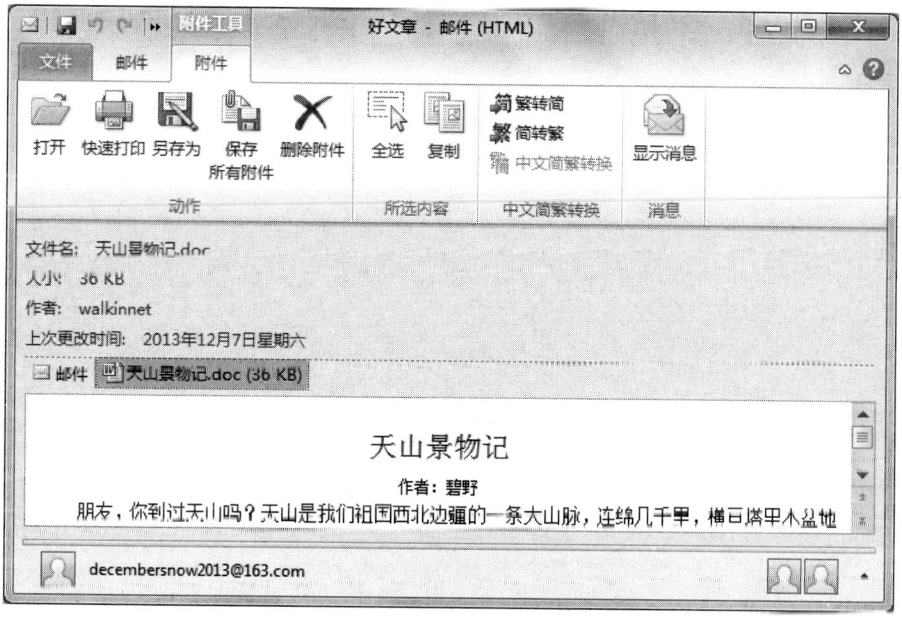

图 1-32-3 附件工具的“附件”选项卡

（4）单击“另存为”按钮，弹出“保存附件”对话框。

（5）保存位置选择 D:\net，其他默认，单击“保存”按钮。

2．答复 decembersnow2013@163.com。

（1）在如图 1-32-2 所示的阅读电子邮件窗口，单击“邮件”选项卡→“响应”组→“答复”按钮，打开答复邮件窗口，如图 1-32-4 所示。

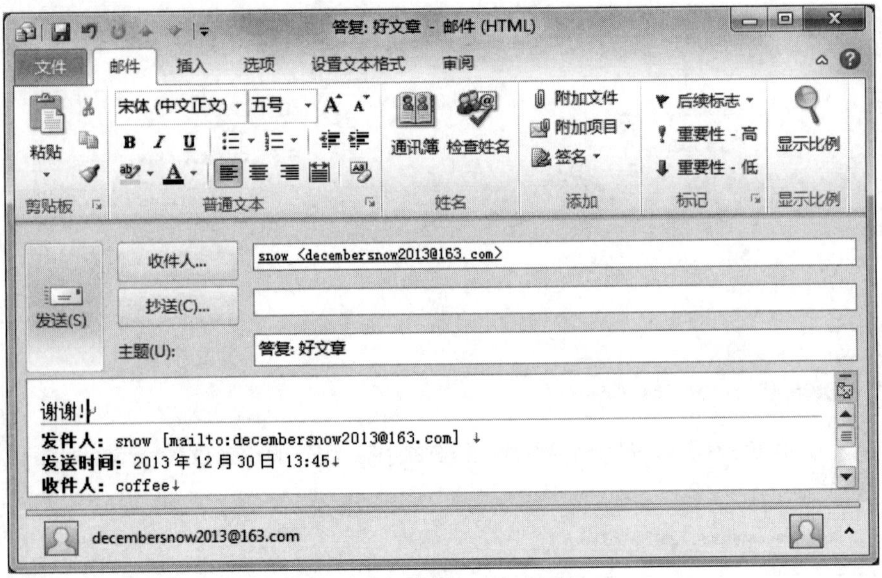

图 1-32-4　答复电子邮件窗口

（2）信件内容填写“谢谢！”，其他项默认。

（3）单击“发送”按钮。

第 2 部分　习题篇

习题 1　计算机基础知识

一、单项选择题

1．通常所说的 64 位机是指计算机的（　　）。
　A．字长为 64 位　　B．内存容量为 64MB
　C．主频为 64MHz　　D．运算速度是 64MIPS

2．Intel Core i7 是指微型计算机的（　　）。
　A．CPU 型号　　B．微型计算机的生产厂家
　C．硬盘生产厂家　　D．一类软件的名称

3．计算机辅助制造的英文缩写是（　　）。
　A．CAI　　B．CAM　　C．CAD　　D．CAT

4．内存储器用于存放计算机工作时的（　　）。
　A．数据　　B．程序　　C．数据和程序　　D．地址

5．当前微型计算机中所采用的逻辑元件是（　　）。
　A．电子管　　B．晶体管
　C．大规模、超大规模集成电路　　D．中小规模集成电路

6．切断计算机电源后，下列各存储器中会丢失数据的是（　　）。
　A．ROM　　B．RAM　　C．硬盘　　D．U 盘

7．用二进制 8 位表示无符号数时，能表示的最大十进制数为（　　）。
　A．127　　B．128　　C．255　　D．256

8．计算机能直接识别的语言是（　　）。
　A．机器语言　　B．汇编语言　　C．高级语言　　D．以上都能

9．下列 8 位二进制补码中，（　　）是-3 的补码。
　A．11111100B　　B．00000011B　　C．11111111B　　D．11111101B

10．十进制数 127 转换成二进制数为（　　）。
　A．11111111B　　B．01111111B　　C．10000000B　　D．11111110B

11．二进制数 00100100 转换成十六进制数是（　　）。
　A．64H　　B．32 H　　C．36 H　　D．24 H

12．若将一个二进制整数最低位的零去掉，则形成的新数值是原数值的（　　）。
　A．二倍　　B．四倍　　C．二分之一　　D．四分之一

13．以下属于高级语言的是（　　）。
　A．汇编语言　　B．C 语言　　C．机器语言　　D．以上都是

14．利用计算机进行档案管理、人口统计、情报检索等工作属于计算机应用中的（　　）。

A．数据处理　　B．科学计算　　C．过程控制　　D．人工智能

15．WPS、Word 等字处理软件属于（　　）。

A．系统软件　　B．网络软件　　C．应用软件　　D．数据库管理软件

16．一个完整的计算机系统包括（　　）。

A．运算器、控制器、存储器、输入/输出设备

B．系统软件和应用软件

C．主机和外设

D．硬件系统和软件系统

17．下列软件中，（　　）一定是系统软件。

A．自编的一个 C 程序，功能是求解一个一元二次方程

B．Windows 操作系统

C．用汇编语言编写的一个游戏程序

D．为某校学生处开发的学籍管理软件

18．一条指令通常由（　　）和操作数组成。

A．操作码　　B．代码　　C．地址　　D．数据

19．下列术语中，属于显示器性能指标的是（　　）。

A．主频　　B．运算速度　　C．分辨率　　D．存储容量

20．在微型计算机硬件系统中，最核心的部件是（　　）。

A．输入/输出设备　　B．总线　　C．CPU　　D．内存储器

21．在计算机存储器系统中，一个字节由（　　）个二进制位组成。

A．1　　B．8　　C．16　　D．32

22．下列存储器中，存取速度最快的是（　　）。

A．U 盘　　B．RAM　　C．Cache　　D．硬盘

23．中央处理器（CPU）主要由（　　）组成。

A．控制器和内存　　B．运算器和存储器

C．控制器和寄存器　　D．运算器和控制器

24．在微型计算机系统中配置高速缓冲存储器（Cache）是为了缓解（　　）。

A．内、外存储器之间速度不匹配的问题

B．CPU 与硬盘之间速度不匹配的问题

C．CPU 与内存储器之间速度不匹配的问题

D．主机与外设之间速度不匹配问题

25．计算机中的 1MB 等于（　　）。

A．1024×1024 个字　　B．1024×1024 个字节

C．1000×1000 个字节　　D．1000×1000 个字

26．微型计算机存储系统中的 SRAM 是指（　　）。

A．高速缓冲存储器　　B．动态随机存取存储器

C．只读存储器　　D．静态随机存取存储器

27. 下列可用作存储容量单位的是（　　）。

A. b/s　　B. MIPS　　C. GB　　D. Hz

28. 把硬盘中的数据传送到计算机内存中，称为（　　）。

A. 打印　　B. 写盘　　C. 输出　　D. 读盘

29. 显示器是一种（　　）。

A. 输入/输出设备　　B. 输出设备　　C. 存储器　　D. 输入设备

30. 下列设备中只能作为输入设备的是（　　）。

A. 磁盘驱动器　　B. 鼠标　　C. 打印机　　D. 显示器

31. 二进制数 10100001010.111 用十六进制数表示为（　　）。

A. $(A12.4)_{16}$　　B. $(50A.E)_{16}$　　C. $(2412.E)_{16}$　　D. $(2412.7)_{16}$

32. 下列叙述中正确的是（　　）。

A. 硬盘被固定在机箱内，所以说硬盘不是外部设备

B. 固态硬盘和机械硬盘都是外部存储器

C. 为了提高速度，可强制 CPU 直接读写硬盘中的数据

D. 计算机系统中的存储器具有记忆能力，所以其中的信息永远不会丢失

33. 用高级程序设计语言编写的源程序要转换成机器语言程序，必须经过（　　）。

A. 汇编　　B. 编辑　　C. 解释　　D. 编译

34. 下列存储器中，（　　）只能读不能写。

A. ROM　　B. RAM　　C. 硬盘　　D. Cache

35. 世界上首次提出计算机存储程序体系结构的人是（　　）。

A. 阿兰·图灵　　B. 比尔·盖茨

C. 乔治·布尔　　D. 冯·诺依曼

36. 下列不属于输入/输出设备的是（　　）。

A. 鼠标　　B. 键盘　　C. 内存　　D. 硬盘

37. MIPS 是用来衡量计算机（　　）的性能指标。

A. 传输速度　　B. 存储容量

C. 字长　　D. 运算速度

38. 下列描述中不正确的是（　　）。

A. CPU 中的运算器具有算术运算和逻辑运算功能

B. 所有计算机的字长都是固定不变的 8 位

C. 通常计算机的存储容量越大，性能就越好

D. 各种高级语言的翻译程序都属于系统软件

39. 一台计算机的字长是 64 位，则表明（　　）。

A. 能处理的最大数值为 64

B. 能处理的字符串最多由 64 个英文字符组成

C. CPU 一次能处理 64 位二进制数据

D. 在 CPU 中运算的最大结果为 2 的 64 次方

40. 下列不属于内存储器的是（　　）。

A. RAM　　B. ROM　　C. Cache　　D. DVD-ROM

41．计算机系统中的总线按所传递信息的性质分为（　　）。
A．逻辑总线、传输总线和通信总线
B．地址总线、运算总线和逻辑总线
C．数据总线、信号总线和传输总线
D．数据总线、地址总线和控制总线

42．运算器的主要功能是（　　）。
A．算术运算和逻辑运算　　B．加法运算和减法运算
C．加、减、乘、除运算　　D．“与”运算和“或”运算

43．在存储一个汉字内码的两个字节中，每个字节的最高位分别是（　　）。
A．1 1　　B．1 0　　C．0 1　　D．0 0

44．计算机能直接执行的程序是（　　）。
A．机器语言程序　　B．汇编语言程序
C．高级语言程序　　D．Visual Basic 语言程序

45．计算机的内存储器比外存储器（　　）。
A．更便宜　　B．存储容量更大
C．较贵，但速度快　　D．以上说法都不对

46．在微型计算机中，表示有符号数的编码是（　　）。
A．BCD 码　　B．ASCII 码　　C．汉字内码　　D．补码

47．下列字符中，ASCII 码值最大的是（　　）。
A．A　　B．4　　C．Z　　D．x

48．在国标码 GB2312-80 中收录了 7445 个汉字和图形符号，其中一级汉字（　　）个。
A．3008　　B．3755　　C．682　　D．6763

49．48×48 点阵的汉字占用计算机存储空间为（　　）字节。
A．1　　B．28　　C．288　　D．2304

50．ROM 和 RAM 的主要区别是（　　）。
A．断电后 ROM 的数据丢失，RAM 的数据不会丢失
B．断电后 RAM 的数据丢失，ROM 的数据不会丢失
C．ROM 属于外存，RAM 属于内存
D．RAM 属于外存，ROM 属于内存

51．下列关于汉字编码的叙述中，（　　）是错误的。
A．由键盘输入的汉字使用输入码
B．国标码=区位码+2020H，机内码=国标码+8080H
C．在计算机内部，一个汉字内码长度为一个字节，其二进制最高位为 0
D．将机内码转换为字形码方能送到输出设备显示或打印

52．下列关于计算机使用的叙述中，（　　）是错误的。
A．计算机要经常使用，不要长期闲置不用
B．为了延长计算机的寿命，应避免频繁开关计算机
C．在计算机附近应避免磁场干扰
D．计算机用几小时后，应关机一会儿再用

53．若要上网浏览网页，（　　）不是必须安装的。

A．网卡　B．显卡　C．打印机　D．显示器

54．Byte 表示（　　）。

A．字　B．字长　C．二进制位　D．字节

55．ASCII 码是计算机中最常用的字符编码，由 7 个二进制位组成，可表示（　　）个字符。

A．7　B．128　C．52　D．256

56．下列说法中错误的是（　　）。

A．计算机能够按照人们预先编写的程序自动、高效地完成工作

B．计算机具有精度高、速度快、记忆存储、逻辑判断、工作自动化的特点

C．计算器是一种迷你型计算机

D．虽然说计算机的功能很强，但是计算机并不是万能的

57．下列四个不同进制的无符号数中，最小的数是（　　）。

A．01011001B　B．73Q　C．70D　D．2AH

58．微型计算机中的 CD-ROM 是指（　　）。

A．只读型硬盘　B．只读型光盘

C．可擦除型光盘　D．一次性写入光盘

59．在微机硬件中，（　　）既可作输出设备又可作输入设备。

A．绘图仪　B．扫描仪　C．手写笔　D．磁盘驱动器

60．下列叙述中正确的是（　　）。

A．字节通常用英文单词 bit 表示

B．目前广泛使用的酷睿系列微型计算机的字长为 64 个字节

C．在计算机存储系统中，内存容量用 MB 作单位，外存容量用 GB 作单位

D．MHz 和 GHz 是表示 CPU 主频的单位

61．计算机软件系统包括系统软件和（　　）。

A．字处理软件　B．应用软件　C．管理软件　D．数据库软件

62．以下关于汉字编码的叙述中，正确的是（　　）。

A．汉字输入码主要分为数字码、音码、形码和音形码，五笔字型码是典型的音形码

B．汉字字库中存放着用户通过键盘输入的汉字

C．在屏幕上看到的汉字是该字的机内码

D．汉字输入码只有被转换为机内码才能被传输和处理

63．下列计算机术语中，（　　）与 CPU 无关。

A．字长　B．主频　C．模拟信号　D．指令

64．下列不属于微型计算机主要性能指标的是（　　）。

A．字长　B．内存容量　C．重量　D．主频

65．下列说法中（　　）是错误的。

A．用彩色喷墨打印机可以打印出彩色照片

B．在计算机内存中，数据可以按二进制存储，也可以按十进制或十六进制存储

C．运算器和控制器合称为 CPU

D．键盘和鼠标是微型计算机的输入设备

66．8 位无符号整数所能表示的数值范围为（　　）。

A．0～256　　B．0～255　　C．–127～128　　D．–127～127

67．下述说法中，不正确的是（　　）。

A．计算机系统由硬件系统和软件系统组成

B．USB 接口标准的移动硬盘只要通过专用线缆与主机连接，就可以像使用内置硬盘一样进行各种读写操作

C．计算机外部设备就是指主机箱之外的设备

D．打印机只能作为计算机的输出设备

68．下列说法中，正确的是（　　）。

A．CPU 可以直接访问硬盘和 U 盘

B．要显示出优质的画面，只需拥有高性能的显示器，而对显卡的性能没有要求

C．外存储器一般分为 ROM 和 RAM 两大类

D．高速缓冲存储器（Cache）缓解了 CPU 与内存储器之间的速度不匹配问题

69．既能向主机输入数据，又能接受主机输出数据的设备是（　　）。

A．扫描仪　　B．音箱　　C．磁盘驱动器　　D．鼠标

70．已知数字符号 0 的 ASCII 码是 48，那么 7 的 ASCII 码是（　　）。

A．7　　B．55　　C．37　　D．67

71．笔记本电脑属于（　　）。

A．微型计算机　　B．巨型计算机　　C．大型计算机　　D．迷你型计算机

72．指挥计算机各部件协调工作的是（　　）。

A．输入设备　　B．输出设备　　C．存储器　　D．控制器

73．下列说法中，正确的是（　　）。

A．之所以把机器语言和汇编语言称为低级语言，是因为它们的功能太弱

B．用高级语言编写的程序一定比低级语言程序运行效率高

C．程序必须装入内存才能被执行

D．高级语言源程序必须经汇编程序汇编成机器语言程序后，才能在计算机上运行

74．一个汉字被存储在计算机中，要占用（　　）字节的存储空间。

A．1　　B．2　　C．4　　D．8

75．关于计算机内存与外存的说法，正确的是（　　）。

A．内存比外存的单位价格低廉

B．内存比外存的容量大

C．内存比外存的速度快

D．CPU 可以直接访问外存，却不能直接访问内存

76．在计算机内部，数据是以（　　）形式加工、处理和传送的。

A．二进制　　B．八进制　　C．十进制　　D．十六进制

77．为解决某一特定的问题而设计的指令序列称为（　　）。

A．文档　　B．语言　　C．程序　　D．系统

78．（　　）是指用户自己或第三方软件公司开发的软件，它能满足用户的特殊需求。

A．操作系统　　B．应用软件　　C．系统软件　　D．指令系统

79．在 24×24 点阵的字库中，关于“赵”字与“王”字占用存储空间的说法，下列（　　）是正确的。

A．两个字占用的存储空间一样多

B．因为“赵”字的笔画多，所以“赵”字占用的存储空间多

C．因为“王”字的拼音字母多，所以占用的存储空间多

D．不能确定

80．教师利用计算机演示教学课件进行教学，这属于计算机在（　　）方面的应用。

A．CAM　　B．CAD　　C．CAI　　D．CAE

81．“计算机之父”冯•诺依曼所提出的（　　）原理为现代计算机的结构奠定了基础。

A．程序　　B．存储程序　　C．二进制　　D．自动化

82．下列不属于冯•诺依曼结构思想的是（　　）。

A．计算机硬件系统由运算器、控制器、存储器、输入/输出设备五大部分组成

B．计算机内部采用二进制编码表示指令和数据

C．由指令组成的程序是不可以修改的

D．把程序存放在计算机的存储器中，运行时按程序顺序逐条执行

83．1KB 的存储空间中能存储（　　）个汉字内码。

A．1000　　B．500　　C．512　　D．1024

84．计算机应用软件是（　　）。

A．所有软件的统称

B．能被各应用单位共同使用的某种软件

C．专门为某一应用领域而编制的软件

D．所有计算机都必须使用的基本软件

85．两个二进制数 00110101 与 01100001 相加，结果为（　　）。

A．10011110　　B．10010110

C．00010110　　D．10100110

86．以下关于机器语言的描述中，不正确的是（　　）。

A．每种型号的计算机都有自己的指令系统

B．机器语言是唯一能被计算机直接识别的语言

C．机器语言可读性强，容易记忆

D．机器语言和其他语言相比，执行效率高

87．在使用键盘输入的过程中，下列习惯不利于提高输入的速度和准确度的是（　　）。

A．每一次击键动作完成后，要看一看键盘上手指的位置，以确保指法准确

B．严格按 8 个基准键位 A、S、D、F、J、K、L、; 分配手指进行击键

C．每一次击键动作完成后，要习惯地回到各自的基准键位

D．输入信息时，手指击键，眼睛注视显示器旁的文稿，尽量“盲打”

88．下列 4 个数据虽然没有说明其进制，但可以肯定（　　）不是八进制数据。

A．1001011　　B．75　　C．116　　D．28

89．硬盘可以直接与（　　）交换数据。

A．内存　　B．CPU　　C．运算器　　D．控制器

90．下列是有关存储器读写速度从快到慢的排序，一般是（　　）。

A．RAM>Cache>硬盘　　B．Cache>硬盘>RAM

C．RAM>硬盘>Cache　　D．Cache>RAM>硬盘

91．下列关于键盘的说法中，（　　）是错误的。

A．键盘上的 NumLock 指示灯亮时，可以使用小键盘上的数字键批量录入数字

B．键盘上的 Ctrl 键是起控制作用的，必须与其他键组合才有意义

C．键盘上的 CapsLock 指示灯亮时，表示键盘字母为小写状态

D．键盘上的基准键位是 A、S、D、F、J、K、L 和;

92．表示计算机存储容量的单位 KB 的准确含义是（　　）。

A．1000 字节　　B．1024 字节　　C．1000 位　　D．1024 位

93．1946 年在美国宾夕法尼亚大学研制成功了第一台电子数字计算机 ENIAC，其采用的主要逻辑元件是（　　）。

A．中小规模集成电路　　B．晶体管

C．大规模、超大规模集成电路　　D．电子管

94．下列是有关存储器容量从大到小的排序，一般是（　　）。

A．硬盘>Cache>RAM　　B．RAM>Cache>硬盘

C．硬盘>RAM>Cache　　D．Cache>RAM>硬盘

95．计算机的输入/输出设备通过（　　）与主机相连接。

A．数据总线　　B．I/O 接口　　C．控制总线　　D．主板

96．将汇编语言源程序转换成机器语言程序的过程称为（　　）。

A．压缩过程　　B．解释过程　　C．汇编过程　　D．链接过程

97．计算机执行一条指令的过程是（　　）。

A．分析指令→取指令→执行指令

B．分析指令→存储指令→执行指令

C．存储指令→取指令→分析指令

D．取指令→分析指令→执行指令

98．CAD 的含义是（　　）。

A．计算机辅助制造　　B．计算机辅助教学

C．计算机辅助设计　　D．计算机辅助测试

99．下列关于计算机外部设备的说法中，错误的是（　　）。

A．任何外部设备都必须通过 USB 标准接口与主机相连

B．硬盘、移动硬盘、U 盘、光盘等外存储器属于外部设备

C．键盘和鼠标是输入设备

D．显示器和投影仪是输出设备

100．目前的计算机都是根据（　　）原理设计制造的。

A．二进制　　B．程序控制　　C．逻辑电路　　D．存储程序

101．下列叙述中，不属于电子计算机特点的是（　　）。

A．运算速度快　　B．计算精度高

C．高度自动化　　D．任何信息都能直接识别和处理

102．一台计算机之所以能被称为巨型机，主要是因为它具有（　　）的特点。

A．体积大　　B．重量大　　C．功能强　　D．功耗大

103．在计算机术语中，PC 是指（　　）。

A．计算机型号　　B．品牌机　　C．兼容机　　D．个人计算机

104．下列各进制数据中最大的是（　　）。

A．$(25)_8$　　B．$(1A)_{16}$　　C．$(24)_{10}$　　D．$(00001011)_2$

105．下列各进制数据中最小的是（　　）。

A．52Q　　B．3AH　　C．44D　　D．101001B

106．在计算机领域中，所谓“裸机”是指（　　）。

A．只安装了操作系统的计算机

B．只连接了键盘和显示器，其他外部设备都未连的主机

C．没有安装任何软件的计算机

D．单板机

107．下列二进制数中，（　　）与十进制数 34 等值。

A．00100010B　　B．00100011B

C．00100100B　　D．01000010B

108．在计算机内部，数据处理和传递的形式是（　　）。

A．ASCII 码　　B．机内码　　C．二进制　　D．十进制

109．关于微型计算机的 CPU，下列说法不正确的是（　　）。

A．CPU 是中央处理器的简称

B．所有外部设备都与 CPU 直接相连，都直接受 CPU 控制

C．运算器和控制器合称为 CPU

D．CPU 是计算机的核心部件，具有运算和控制的功能

110．关于计算机中的汉字内码，以下说法正确的是（　　）。

A．汉字内码与所用的输入法有关

B．汉字内码与字形有关

C．汉字内码的 2 个字节中，每个字节的最高位为 1

D．汉字的内码与汉字字号有关

二、多项选择题

1．下列各设备中，属于外存储设备的有（　　）。

A．U 盘　　B．光盘　　C．硬盘　　D．显示器

E．ROM　　F．RAM　　G．Cache

2．以下属于计算机低级语言的有（　　）。

A．机器语言　　B．汇编语言　　C．Java 语言　　D．C 语言

E．Visual Basic 语言

3．下列存储器中，（　　）一旦断电就会丢失所存储的数据。

A．RAM　　B．ROM　　C．Cache　　D．U 盘

E．固态硬盘　　F．机械硬盘

4．计算机可直接执行的指令一般包含（　　）两个部分，它们在机器内部是以（　　）表示的，由这种指令构成的语言也叫作（　　）。

A．源操作数和目的操作数　　B．操作码和操作数

C．ASCII 编码的形式　　D．二进制编码的形式

E．高级语言　　F．机器语言

5．下列有关计算机操作系统的叙述中，正确的有（　　）。

A．操作系统属于系统软件

B．操作系统只管理存储器和外部设备，不能管理 CPU

C．Windows 是一种操作系统

D．操作系统管理计算机的所有软件资源和硬件资源

6．下列叙述中，正确的有（　　）。

A．外存储器上的信息可以直接进入 CPU 处理

B．磁盘必须进行格式化后才能使用

C．键盘和显示器都是计算机的 I/O 设备，键盘为输入设备，显示器为输出设备

D．键盘上的 Ctrl 键是起控制作用的，一般与其他键同时按下才有作用

E．硬盘固定在机箱内，所以硬盘不是外部设备

F．微机使用过程中突然断电，RAM 中的信息会丢失，ROM 中的信息不受影响

7．下列叙述中，正确的有（　　）。

A．计算机高级语言是与计算机型号无关的算法语言

B．汇编语言程序在计算机中不需要编译，能被直接执行

C．机器语言程序是计算机能直接执行的程序

D．低级语言的学习难度大，运行效率也低，目前已完全淘汰

E．程序必须调入内存才能运行

F．汇编语言是最早的高级语言

8．计算机未来的发展方向有（　　）。

A．巨型化　　B．网络化　　C．多媒体　　D．智能化

E．微型化　　F．专业化

9．下列属于系统软件的有（　　）。

A．DOS　　B．Windows　　C．Linux　　D．数据库管理系统

E．UNIX　　F．WPS　　G．Word

10．下列关于计算机的叙述中正确的有（　　）。

A．运算速度快　　B．计算精度高

C．具有记忆能力　　D．具有逻辑判断能力

E．运行过程自动、连续　　F．只能识别二进制的指令和数据

11．计算机硬件系统由（　　）组成。

A．运算器　　B．控制器　　C．存储器　　D．I/O 设备

E．显示器　　F．键盘　　G．鼠标　　H．打印机

12．下列关于微型计算机系统的描述中，正确的有（　　）。

A．CPU 负责管理和协调计算机系统各个部件的工作

B．主频是衡量 CPU 处理数据快慢的一个指标

C．CPU 可以存储大量的信息

D．CPU 负责存储并执行用户的程序

13．下列不属于应用软件的有（　　）。

A．财务管理软件　　B．档案管理程序

C．WPS 文字处理软件　　D．Windows

E．DOS

14．微型计算机的光盘与硬盘比较，硬盘的特征是（　　）。

A．存取速度快　　B．存储容量大

C．便于随身携带　　D．不受磁场的影响

E．与驱动器制作在一起，合二为一，不可拆卸

15．下列计算机软件中，属于系统软件的有（　　）。

A．操作系统　　B．编译程序　　C．连接程序

D．音乐播放程序　　E．学籍管理软件

三、判断题

1．世界上第一台电子计算机 ENIAC 是 1968 年诞生的。（　　）

2．将二进制 01001010 转换成十进制数是 74。（　　）

3．裸机是指没有安上机箱盖板的主机。（　　）

4．计算机语言分为机器语言、汇编语言和高级语言。（　　）

5．计算机系统包括硬件系统和软件系统。（　　）

6．在一台微机的主板上看不到显卡，说明无需 I/O 接口，外设直接受控于 CPU。（　　）

7．键盘上的 CapsLock 指示灯灭时，按 Shift+A 快捷键，输入的是小写字母 a。（　　）

8．中央处理器由控制器、运算器和存储器组成。（　　）

9．“字节”是计算机中数据存储的基本单位。（　　）

10．微型计算机中的一级 Cache 集成在 CPU 内，所以 Cache 是 CPU 的组成部分。（　　）

11．第二代计算机以晶体管取代电子管作为其主要的逻辑元件。（　　）

12．二进制数 11010110B 转换成十六进制数是 D6H。（　　）

13．硬盘驱动器兼具输入和输出的功能。（　　）

14．与十六进制数 8CH 等值的十进制数是 128。（　　）

15．程序和数据以二进制形式在计算机内部存储。（　　）

16．同内存条一样，M.2 固态硬盘安装在主板上，所以固态硬盘不属于外设。（　　）

17．观察一台正在工作的一体机外观，看不到主机箱，说明主机不是微型计算机硬件中必备的组成部分。（　　）

18．键盘上功能键的功能可以由程序设计者来定义。（　　）

19．十进制数 70 转换成二进制数为 00110111B。（　　）

20．要输入大写字母应先按住 Shift 键。（　　）

21．U 盘在读写时不能拔出，否则可能丢失数据。（ ）
22．微型计算机的只读存储器（ROM）内所存储的数据是固定不变的。（ ）
23．系统软件就是软件系统。（ ）
24．通常硬盘安装在主机箱内，因此硬盘属于主机的一部分。（ ）
25．要存放 100 个 24×24 点阵的汉字字模，需要 7200B 存储空间。（ ）
26．硬盘上的磁道由多个同心圆组成。（ ）
27．总线一般分为数据总线、地址总线和控制总线。（ ）
28．内存储器用来存储 CPU 要执行的程序或数据。（ ）
29．两个二进制数 1011B、1101B 进行逻辑“与”运算后，结果为 1111B。（ ）
30．显示适配器（显卡）是控制显示器的接口部件。（ ）
31．运算器具有运算的功能，也有存储记忆的功能。（ ）
32．字长是计算机一次性直接处理的二进制数据的最多位数。（ ）
33．编译程序将源程序翻译成目标程序。（ ）
34．计算机的存储器可分为内存和硬盘。（ ）
35．开机时先开显示器后开主机电源，关机时先关主机后关显示器。（ ）
36．主机是指装在主机箱中的所有部件。（ ）
37．微型计算机具有体积小、重量轻、价格廉的特点。（ ）
38．指令是计算机用以控制各部件协调动作的命令。（ ）
39．如果没有软件，计算机将无法工作。（ ）
40．既然计算机具有存储记忆能力，那么其中的信息就永远不会丢失。（ ）

习题 2 Windows 7 操作系统

一、单项选择题

1．下列操作中，不能打开“Windows 任务管理器”窗口的是（ ）。
A．按快捷键 Ctrl+Shift+Esc
B．按快捷键 Ctrl+Alt+Delete
C．按机箱前面板上的 Reset 按钮
A．右击任务栏空白区→“启动任务管理器”命令

2．在 Windows 资源管理器窗口的导航窗格（左窗格）中不可能出现的是（ ）。
A．文件名 B．桌面 C．库 D．网络

3．在 Windows 资源管理器窗口的文件列表栏中，要改变文件或文件夹的显示方式，可选择（ ）。
A．“文件”菜单 B．“查看”菜单
C．“编辑”菜单 D．“工具”菜单

4．在 Windows 7 下，按（ ）快捷键可以打开“开始”菜单。
A．Ctrl+O B．Ctrl+Esc C．Ctrl+空格 D．Ctrl+Tab

5．关于 Windows 7 中的用户账户，下列（　　）的叙述是正确的。
A．可以在 Windows 7 中创建新账户
B．账户是 Windows 7 系统创建的，任何账户都不可以随意删除
C．任何账户的密码都只能由管理员账户 Administrator 来更改
D．注销某账户后，该账户就不存在了
6．在 Windows 7 下，能弹出对话框的操作是选择了（　　）命令。
A．带…的菜单　　B．带√的菜单
C．带●的菜单　　D．颜色变灰的菜单
7．下列关于 Windows 7 任务栏的说法中，正确的是（　　）。
A．只能改变位置不能改变大小　　B．只能改变大小不能改变位置
C．位置和大小都不能改变　　D．位置和大小都可以改变
8．Windows 7 中，不能在任务栏内进行的操作是（　　）。
A．设置系统日期的时间　　B．排列桌面图标
C．排列和切换窗口　　D．启动“开始”菜单
9．在 Windows 7 窗口中，选择末尾带▶的菜单意味着（　　）。
A．将弹出下一级菜单　　B．将执行该菜单命令
C．表明该项已被选用　　D．将弹出一个对话框
10．Windows 资源管理器窗口的左窗格称为导航窗格，其中显示的内容是（　　）。
A．系统的树形文件夹结构　　B．当前文件夹下的子文件夹及文件
C．所有未打开的文件　　D．所有已打开的文件夹
11．下列关于 Windows 操作系统的说法中，（　　）是正确的。
A．Windows 操作系统是一套功能强大的应用软件
B．Windows 操作系统是管理计算机软件、硬件资源的工具软件
C．Windows 是一种图形化用户界面操作系统，是系统操作平台
D．Windows 桌面上同时只能容纳一个窗口
12．下列关于键盘的叙述中，（　　）是错误的。
A．Shift、Alt 和 Ctrl 键一般不单独使用，而与其他键配合使用实现某种功能
B．在文档编辑状态下，Backspace 键和 Delete 键都有删除的功能
C．NumLock 指示灯亮时，数字小键盘区呈数字状态，此时可以使用数字小键盘输入数字
D．输入汉字时，应使键盘处于小写字母状态，此时 CapsLock 指示灯应亮起
13．下列程序中，不属于 Windows 7 附件的是（　　）。
A．计算器　　B．写字板　　C．Word　　D．录音机
14．在 Windows 7 下，单击某应用程序窗口的最小化按钮，则该程序进入（　　）状态。
A．被中止运行　　B．仍在前台运行
C．被暂停运行　　D．在后台继续运行
15．在 Windows 7 下，对文件和文件夹的管理是通过（　　）来实现的。
A．资源管理器　　B．对话框　　C．剪贴板　　D．控制面板

16．在 Windows 7 下，进行全角/半角切换的快捷键是（　　）。

A．Alt+Shift　　B．Shift+空格　　C．Alt+空格　　D．Ctrl+空格

17．双击就是快速、连续地按两下鼠标的（　　）。

A．左键　　B．右键或左键　　C．右键　　D．以上都不对

18．下列关于剪切和删除的叙述中，正确的是（　　）。

A．剪切和删除的本质是相同的，都会把选定的对象从源位置删除

B．一次可以删除多个对象，但剪切操作一次只能剪切一个对象

C．剪切的时候，Windows 7 只是把对象暂时存入“剪贴板”里

D．删除操作适用于文件和文件夹，剪切操作只适用于文件夹

19．在 Windows 7 下，按快捷键（　　）可以实现英文/中文切换。

A．Ctrl+空格　　B．Shift+空格　　C．Alt+Tab　　D．Ctrl+Shift

20．在 Windows 资源管理器的文件列表栏中，下列（　　）操作可以选定多个不连续排列的文件。

A．Ctrl+单击要选定的文件对象　　B．Alt+单击要选定的文件对象

C．Shift+单击要选定的文件对象　　D．Ctrl+双击要选定的文件对象

21．在 Windows 7 下，下列关于文件复制的描述不正确的是（　　）。

A．利用鼠标右键拖动可实现文件复制

B．利用鼠标左键拖动不能实现文件复制

C．利用剪贴板可实现文件复制

D．利用快捷键 Ctrl+C 和 Ctrl+V 可实现文件复制

22．在 Windows 7“开始”菜单的关闭选项下拉列表中，不可能包含（　　）选项。

A．注销　　B．待机　　C．重新启动　　D．睡眠

23．在某文件夹窗口的文件列表栏中，若已单击了第一个文件，又按住 Ctrl 键并单击了第 4 个文件，则有（　　）个文件被选中。

A．0　　B．1　　C．2　　D．4

24．在 Windows 7 下，想把 U 盘上的文件复制到硬盘上，下列（　　）的操作是不可行的。

A．用鼠标左键拖动

B．用鼠标右键拖动后，再选择“复制到当前位置”

C．按住 Ctrl 键，再用鼠标左键拖动

D．按住 Alt 键，再用鼠标左键拖动

25．在 Windows 7 下，全角状态下输入的字母所占的存储容量是（　　）个字节。

A．1　　B．2　　C．3　　D．4

26．从（　　）中删除的文件，不会进入“回收站”。

A．U 盘　　B．桌面　　C．“库”窗口　　D．个人文件夹

27．被删除到“回收站”中内容可以是（　　）。

A．文件夹　　B．文件　　C．快捷方式　　D．以上都对

28．在 Windows 7 下，在各窗口之间切换的快捷键是（　　）。

A．Ctrl+Tab　　B．Ctrl+空格　　C．Alt+Tab　　D．Alt+空格

29．下列关于 Windows 7 的叙述中，正确的是（　　）。

A．要打开“开始”菜单，只能用鼠标单击“开始”按钮才行

B．任务栏的大小是不能被改变的

C．“开始”菜单是系统生成的，用户不能再设置它

D．Windows 7 任务栏可以放在桌面四周的任意边上

30．下列关于“回收站”的叙述中，错误的是（　　）。

A．“回收站”可以暂时或永久存放硬盘上被删除的信息

B．放入“回收站”的内容可以恢复

C．“回收站”所占据的空间是可以调整的

D．“回收站”可以存放从 U 盘上删除的信息

31．在 Windows 7 下，可以由用户设置的文件属性是（　　）。

A．只读、存档和隐藏　　B．只读、系统和隐藏

C．存档、系统和隐藏　　D．系统、只读和存档

32．下列关于 Windows 7 对话框的叙述，（　　）是错误的。

A．对话框是提供给用户与计算机对话的界面

B．对话框的位置可以移动

C．对话框的位置和大小都不能改变

D．对话框中可能出现滚动条

33．在 Windows 7 下，关闭某应用程序窗口，就是（　　）。

A．暂时中断该程序的运行，用户随时可加以恢复

B．使该程序的运行转入后台继续工作

C．该程序的运行不受任何影响，仍然继续

D．结束该程序的运行

34．在 Windows 7 下，关于一个已经最大化的窗口，下列叙述错误的是（　　）。

A．已经最大化的窗口可以最小化　　B．已经最大化的窗口可以移动

C．已经最大化的窗口可以被关闭　　D．已经最大化的窗口可以还原

35．在 Windows 资源管理器窗口的导航窗格（左窗格）中，单击某文件夹图标左侧的按钮▷后，此按钮变为◢，同时窗口内容有（　　）变化。

A．导航窗格中该文件夹被折叠，其下级文件夹在导航窗格中隐藏不可见

B．导航窗格中该文件夹被展开，其下级文件夹在导航窗格中显示可见

C．该文件夹的下级文件夹及文件显示在窗口的文件列表栏中

D．该文件夹名称出现在地址栏上，当前窗口切换为该文件夹窗口

36．下列关于 Windows 7 桌面图标的叙述，错误的是（　　）。

A．桌面上的图标可以重新排列　　B．桌面上的图标可以移动

C．桌面上的图标可以删除　　D．除“回收站”外的桌面图标都可以重命名

37．下列关于 Windows 7“任务栏”的叙述中，错误的是（　　）。

A．可以将任务栏设置为自动隐藏，也可以锁定不动

B．通过单击任务栏上的程序按钮，可以实现各个窗口之间的切换

C．在任务栏上只显示当前活动窗口名

D．对锁定在任务栏的快速启动区的图标，只需单击，即可启动相应程序

38．把 D:\AA 文件夹添加到“文档”库中，下列操作过程错误的是（　　）。

A．“D:”窗口→右击 AA 文件夹→“包含到库中”→“文档”命令

C．“D:”窗口→选定 AA 文件夹→“文件”→“包含到库中”→“文档”命令

B．“D:”窗口→选定 AA 文件夹→工具栏中的“包含到库中”→“文档”按钮

D．“D:”窗口→右击 AA 文件夹→“发送到”→“文档”命令

39．在 Windows 7 下，下列关于“回收站”的叙述正确的是（　　）。

A．用 Delete 键从硬盘上删除的文件可从“回收站”恢复

B．用 Shift+Delete 快捷键从硬盘上删除的文件可以从“回收站”恢复

C．无论从 U 盘还是硬盘上删除的文件都可以从“回收站”恢复

D．无论从固态硬盘还是机械硬盘上删除的文件都不能从“回收站”恢复

40．在 Windows 7 下，若要将当前窗口图像存入剪贴板中，可以按（　　）键。

A．Alt+Print Screen　　B．Ctrl+Print Screen

C．Print Screen　　D．Shift+Print Screen

41．在 Windows 7 默认状态中，下列（　　）不能运行应用程序。

A．单击应用程序的图标

B．双击应用程序的图标

C．右击应用程序的图标，在弹出的快捷菜单中选择“打开”命令

D．单击应用程序的图标，然后按 Enter 键

42．在 Windows 7 下，用（　　）快捷键能将选定的文件夹放入剪贴板中。

A．Ctrl+V　　B．Ctrl+C　　C．Ctrl+Z　　D．Ctrl+A

43．在 Windows 7 下，若系统长时间不响应用户要求，可用快捷键（　　）启动“Windows 任务管理器”，结束该任务。

A．Ctrl+F1　　B．Ctrl+Break

C．Alt+Shift+Enter　　D．Ctrl+Shift+Esc

44．在 Windows 7 下，下列（　　）的操作可以打开“库”窗口。

A．右击桌面空白处→“个性化”命令

B．右击“开始”菜单→“打开 Windows 资源管理器”命令

C．右击任务栏空白区→“启动任务管理器”命令

D．右击“计算机”图标→“打开”命令

45．在 Windows 7 下，当程序因故陷入死循环时，下列（　　）的方法能够很好地结束该程序。

A．按 Ctrl+Shift+Esc 快捷键

B．按 Ctrl+C 快捷键

C．按 Ctrl+Break 快捷键

D．直接按机箱前面板上的 Reset 按钮

46．在“文件夹选项”对话框的“查看”选项卡下，取消选中“显示隐藏的文件、文件夹和驱动器”选项之后，下列有（　　）属性的文件和文件夹不可见。

A．只读　　B．存档　　C．隐藏　　D．其他

47. 下列关于 Windows 7 窗口的叙述中，错误的是（　　）。

A. 窗口是应用程序运行后展现给用户的工作区

B. 同时打开的多个窗口可以重叠排列

C. 可以同时打开多个窗口，但活动窗口只能有一个

D. 窗口的位置可以改变，但窗口大小不能改变

48. 在 Windows 7 下，灰色显示的菜单表示（　　）。

A. 该菜单当前不能使用　　B. 选中该菜单后将弹出对话框

C. 选中该菜单后将弹出下级子菜单　　D. 该菜单正在使用

49. 在 Windows 7 的某文件夹窗口中，若希望显示的文件有名称、大小、类型、修改日期等项，应选择“查看”菜单中的（　　）。

A. 列表　　B. 详细信息　　C. 平铺　　D. 内容

50.“画图”程序默认的扩展名是（　　）。

A. .txt　　B. .bmp　　C. .doc　　D. .png

51. 含有（　　）属性的文件不能被修改。

A. 系统　　B. 存档　　C. 隐藏　　D. 只读

52. 在 Windows 7 下，“粘贴”的快捷键是（　　）。

A. Ctrl+A　　B. Ctrl+X　　C. Ctrl+V　　D. Ctrl+C

53. 删除 Windows 7 桌面上某个应用程序的快捷方式图标，意味着（　　）。

A. 只删除了快捷方式，对应的应用程序被保留

B. 只删除了该应用程序，对应的快捷方式图标被隐藏

C. 该应用程序连同其快捷方式图标一起被删除

D. 该应用程序连同其快捷方式图标一起被隐藏

54. 当选定硬盘中某文件后，不将该文件放到“回收站”中，而直接删除的操作是（　　）。

A. 按 Delete 键

B. 直接将文件拖到“回收站”中

C. 按 Shift+Delete 快捷键

D. 在文件夹窗口中，执行“文件”→“删除”命令

55. 下列（　　）的操作不可能把“画图”程序锁定到任务栏。

A. 打开“画图”程序，右击任务栏上“画图”程序按钮→“将此程序锁定到任务栏”

B.“开始”→“所有程序”→“附件”→右击“画图”→“锁定到任务栏”

C.“开始”→“所有程序”→“附件”→拖动“画图”图标至任务栏空白区

D. 右击任务栏空白区→“属性”→“任务栏”选项卡→选择“锁定任务栏”复选框

56. 在文件夹窗口中，若想一次选定多个分散的文件或文件夹，正确的操作是（　　）。

A. 按住 Ctrl 键，用鼠标右键逐个单击

B. 按住 Ctrl 键，用鼠标左键逐个单击

C. 按住 Shift 键，用鼠标右键逐个单击

D. 按住 Shift 键，用鼠标左键逐个单击

57. Windows“剪贴板”是（　　）中的一块区域。

A. 硬盘　　B. CPU　　C. 内存　　D. 外存

58．下列关于 Windows 7 桌面的叙述中，错误的是（　　）。

A．可以向桌面添加小工具

B．桌面上可以有系统图标和快捷方式图标，用户自建的文件夹图标不能放到桌面上

C．对桌面上的图标可以显示，也可以隐藏

D．用户可以根据个人习惯设置桌面背景和分辨率

59．在应用程序窗口中，下列（　　）操作不能关闭应用程序。

A．单击窗口右上角的“关闭”按钮

B．单击任务栏上的程序按钮

C．选择“文件”→“退出”命令

D．按 Alt+F4 快捷键

60．在 Windows 7 桌面上已经有某应用程序的图标，要运行该程序，可以（　　）。

A．单击该图标　　B．双击该图标

C．用鼠标右键双击该图标　　D．右击该图标

61．Windows 7 的用户账户有多种类型，其中（　　）账户的权限最大。

A．来宾　　B．标准用户　　C．临时　　D．管理员

62．在某文件夹窗口中，先选定 Z 文件进行了剪切操作，又选定 R 文件进行了剪切操作，最后在目标位置做了粘贴操作，则实现了（　　）功能。

A．移动 R 文件　　B．移动 Z 文件　　C．复制 Z 文件　　D．复制 R 文件

63．在 Windows 7 下，鼠标指针移动到一个窗口边缘时变成双向箭头状，说明（　　）。

A．可以移动窗口的位置

B．可以改变窗口的大小形状

C．既不可以改变窗口的位置，也不可以改变窗口的大小形状

D．既可以改变窗口的位置，也可以改变窗口的大小

64．程序是由（　　）执行的。

A．Windows　　B．CPU　　C．内存储器　　D．硬件

65．关于 Windows 7 提供的“计算机”“网络”“控制面板”“回收站”和“个人文件夹”5 个系统图标，下列说法错误的是（　　）。

A．可以设置系统图标在桌面上显示或不显示

B．可以更换系统图标的图片

C．不可以更改系统图标的名称

D．可以改变系统图标在桌面上的位置

66．在某文件夹窗口的文件列表栏中，选定所有文件后，如果要取消其中几个文件的选定，应进行的操作是（　　）。

A．用鼠标左键依次单击各个要取消选定的文件

B．用鼠标右键依次单击各个要取消选定的文件

C．按住 Shift 键，用鼠标左键依次单击各个要取消选定的文件

D．按住 Ctrl 键，用鼠标左键依次单击各个要取消选定的文件

67．选定某文件图标，并进行复制、粘贴操作后，该文件被长久保存在（　　）。

A．外存　　B．内存　　C．剪贴板　　D．回收站

68. 下列图标中，属于快捷方式图标的是（　　）。

A. 　　B. 　　C. 　　D. 

69. 在库窗口中，若选定一个文件，并按 Delete 键和单击“是”按钮，则该文件（　　）。

A. 被删除并放入“回收站”　　B. 不被删除也不被放入“回收站”

C. 被删除但不放入“回收站”　　D. 不受任何影响

70. 为了将硬盘上选定的文件移动到 U 盘，应进行的操作是（　　）。

A. 先将文件删除并放入“回收站”，再从“回收站”中恢复

B. 用鼠标左键将文件从硬盘拖动到 U 盘

C. 先做“剪切”操作，再做“粘贴”操作

D. 先做“复制”操作，再做“粘贴”操作

71. 剪切操作的快捷键是（　　）。

A. Ctrl+X　　B. Alt+A　　C. Ctrl+A　　D. Ctrl+V

72. 在 Windows 7 下，下列关于文档窗口的说法中正确的是（　　）。

A. 只能打开一个文档窗口

B. 可以同时打开多个文档窗口，被打开的窗口都是活动窗口

C. 可以同时打开多个文档窗口，但其中只能有一个是活动窗口

D. 可以同时打开多个文档窗口，但在屏幕上只能见到一个文档窗口

73. 在 Windows 7 下，Ctrl+Shift+Esc 快捷键的功能是（　　）。

A. 停止计算机工作　　B. 关闭计算机电源

C. 立即重新启动计算机　　D. 打开“Windows 任务管理器”窗口

74. 在 Windows 7 下，将信息传送到剪贴板，不正确的方法是（　　）。

A. 用“复制”命令把选定的对象送到剪贴板

B. 用“剪切”命令把选定的对象送到剪贴板

C. 用“粘贴”命令把选定的对象送到剪贴板

D. 按 Alt+Print Screen 快捷键把当前窗口图像送到剪贴板

75. 若想移动窗口的位置，应将鼠标指针指向窗口的（　　），然后拖动。

A. 工具栏　　B. 标题栏　　C. 状态栏　　D. 边界上

76. Windows 7 的各项系统环境设置由（　　）来控制。

A. 资源管理器　　B. 控制面板　　C. 任务管理器　　D. 库

77. 下列关于文件夹与库的叙述中，错误的是（　　）。

A. 在库窗口和文件夹窗口下，都可以进行剪切、复制、粘贴等操作

B. 文件夹下真正存储着文件和子文件夹，而库是“虚拟”的，只是一个目录索引

C. 包含在库中的内容可以来自不同的磁盘、不同的文件夹

D. 某个文件在库窗口中被删除后，仍能在其相应的存储文件夹中找到该文件

78. 在 Windows 下为使文件不被显示，可以将它的属性设为（　　）。

A. 只读　　B. 存档　　C. 隐藏　　D. 索引

79. 单击 Windows 资源管理器窗口地址栏左侧的“后退”按钮，其功能是（　　）。

A. 返回上一级文件夹　　B. 返回上一次窗口

C. 返回桌面　　D. 返回 C 盘

80．下列关于 Windows 7“写字板”程序的叙述中，错误的是（　　）。
A．在“写字板”中可以新建、编辑、打印文档，也能嵌入图片
B．“写字板”窗口中的功能区始终显示在窗口上方，不能最小化
C．选择“开始”→“所有程序”→“附件”→“写字板”命令可以打开“写字板”
D．可以把常用命令添加到功能区上方的快速访问工具栏中

二、多项选择题

1．Windows 资源管理器窗口中的组件有（　　）。
A．滚动条　　B．标题栏　　C．菜单栏　　D．工具栏
2．选定一个文件夹后，下列各种操作中能打开该文件夹的有（　　）。
A．单击该文件夹
B．双击该文件夹
C．右击→“打开”命令
D．选择“文件”→“打开”命令
E．单击工具栏上的“打开”按钮
F．按 Enter 键
3．在文件夹窗口下，下列（　　）操作可以新建一个子文件夹。
A．选择“文件”→“新建”命令
B．单击工具栏上的“组织”→“新建”按钮
C．将“回收站”中的文件夹还原
D．单击工具栏上的“新建文件夹”按钮
E．右击文件夹列表空白区→“新建”→“文件夹”命令
4．在 Windows 7 下，下列（　　）操作可以改变当前窗口的大小。
A．双击窗口的标题栏
B．单击工具栏上的“组织”→“属性”按钮
C．单击窗口右上角的“最大化”按钮或“还原”按钮
D．在窗口还原状态下，拖动窗口边框
5．在文件夹窗口中，（　　）会在导航窗格（左窗格）中出现。
A．文件夹名　　B．文件名　　C．库名　　D．磁盘名
6．在“写字板”程序窗口的文档编辑区，选定一个文字后，按（　　）键可以删除该文字。
A．Backspace　　B．Delete　　C．空格　　D．Esc
7．关闭 Windows 资源管理器窗口的方法有（　　）。
A．单击窗口右上角的“关闭”按钮
B．右击标题栏→“关闭”命令
C．双击窗口的标题栏
D．选择“文件”→“关闭”命令
E．单击工具栏上的“组织”→“关闭”按钮
F．按下 Alt+F4 快捷键

8. 在 Windows 资源管理器窗口的文件列表栏中，单击鼠标左键选定某文件后，对其进行重命名的正确方法有（　　）。

A. 右击文件名→“重命名”命令，键入新文件名后按 Enter 键

B. 选择“文件”→“重命名”命令，键入新文件名后按 Enter 键

C. 按 F2 键，键入新文件名后按 Enter 键

D. 再次单击文件名框，键入新文件名后按 Enter 键

E. 单击工具栏上的“组织”→“重命名”按钮，键入新文件名后按 Enter 键

9. 下列叙述中，不正确的有（　　）。

A. 从库窗口中删除的文件，不经过“回收站”直接删除，不可恢复

B. 窗口在还原状态下，可以移动位置

C. Windows 7 下的文件或文件夹被删除后，就再也无法恢复了

D. 从“回收站”删除文件或文件夹后，还可以对其“还原”

E. Windows 7 的功能很强，即使突然断电，计算机仍能自动保存信息

10. 下列叙述中，正确的有（　　）。

A. 屏幕上打开的窗口都是活动窗口

B. 不同文件之间可通过剪贴板交换信息

C. 写字板和记事本都有文档编辑的功能

D. 应用程序窗口最小化成任务栏上的程序按钮后仍运行

E. 在不同的磁盘之间可以用鼠标拖动文件的方法实现文件的复制

11. 若文件的源位置和目标位置在不同磁盘下，在 Windows 资源管理器窗口下，下列操作中能够复制文件的有（　　）。

A. 在文件列表栏中选定源文件，拖动至导航窗格中的目标文件夹下

B. 在文件列表栏中选定源文件，按住 Ctrl 键，拖动至导航窗格中的目标文件夹下

C. 在文件列表栏中选定源文件，按住 Alt 键，拖动至导航窗格中的目标文件夹下

D. 在导航窗格的树形目录中选定源文件，拖动至导航窗格中的目标文件夹下

12. 在 Windows 资源管理器窗口下不能（　　）。

A. 把文件列表栏中选定的文件拖动到导航窗格中的某一文件夹里

B. 在窗口中显示所有文件的属性

C. 一次复制或移动多个不连续排列的文件

D. 一次删除多个不连续的文件

E. 在预览窗格中预览到选定的文件夹的内容

13. 能使某个应用程序窗口成为当前窗口的操作有（　　）。

A. 按 Alt+Esc 快捷键

B. 按 Ctrl+空格键

C. 按 Alt+Tab 快捷键

D. 按 Alt+F4 快捷键

E. 单击任务栏上的程序按钮

14．在某文件夹窗口中，下列（　　）操作不能删除已选定的文件。

A．按 Delete 键

B．按 Backspace 键

C．右击该文件→“删除”命令

D．选择“文件”→“删除”命令

E．单击工具栏上的“组织”→“删除”按钮

F．按 Enter 键

15．下列各操作中，能够打开“Windows 任务管理器”窗口的有（　　）。

A．按快捷键 Ctrl+Shift+Esc

B．按快捷键 Ctrl+Alt+Delete

C．按快捷键 Ctrl+F1

D．右击任务栏空白区→“启动任务管理器”命令

三、判断题

1．在 Windows 7 下，按键盘上的 Windows 徽标键，可打开“开始”菜单。（　　）

2．在 Windows 资源管理器窗口中，可以通过工具栏上的“组织”→“布局”设置导航窗格、细节窗格、菜单栏显示或隐藏。（　　）

3．在同一个文件夹下不能有同名的文件。（　　）

4．撤消操作的快捷键为 Ctrl+Z。（　　）

5．删除某应用程序的快捷方式图标后，该应用程序也被彻底删除。（　　）

6．Windows 7 控制面板窗口的查看方式有“类别”“大图标”和“小图标”。（　　）

7．在 Windows 资源管理器窗口的导航窗格中，文件夹图标左边的按钮表示该文件夹是空的，其下无子文件夹也无文件。（　　）

8．在 Windows 7 下，快捷菜单的出现是由于双击了鼠标的左键所致。（　　）

9．在 Windows 7 桌面上，只能创建快捷方式图标，不能创建文件夹图标。（　　）

10．在 Windows 资源管理器窗口，使用工具栏右侧的“视图”按钮可以重新排列图标。（　　）

11．右击桌面空白处→“个性化”命令，可以设置桌面背景，更改桌面图标。（　　）

12．为某文件夹创建了快捷方式后，双击快捷方式图标即可打开该文件夹。（　　）

13．可以把常用的程序锁定到任务栏或“开始”菜单的“固定程序列表”中。（　　）

14．使用快捷键 Ctrl+A 可以将当前窗口中的文件及文件夹全部选定。（　　）

15．在某文件夹窗口的文件列表栏中，有文件图标和子文件夹图标，拖动其中的一个文件图标到一个子文件夹图标上，可将文件移动到文件夹中。（　　）

16．硬盘上被删除的文件或文件夹被临时存放在“库”中。（　　）

17．Windows 7 中图标的大小是不能改变的。（　　）

18．对于新创建的用户账户，可以更改密码，但不能更改账户名称。（　　）

19．设置 Windows 7 桌面背景时，只能从系统提供的几种图案中选择。（　　）

20．只要将打印机正确地连接到主机后面板的接口上，即可进行打印操作，无需进行其他的设置。（　　）

21．只要将鼠标指针指向当前窗口的任意位置，拖动即可移动该窗口位置。（　　）

22．在删除文件夹时，其中所有的文件及子文件夹也同时被删除。（　　）

23．扫描仪、数码相机、数码摄像机、打印机都属于图像采集输入设备。（　　）

24．在为某个应用程序创建了快捷方式后，若将该应用程序移动到另一个文件夹中，仍可用快捷方式启动该应用程序。（　　）

25．Windows 7 任务栏的位置只能固定在屏幕下方，不可以移动到其他位置。（　　）

26．在“计算机”窗口中，右击 U 盘图标可以在弹出的快捷菜单中选择“格式化”命令对 U 盘进行格式化。（　　）

27．长时间使用机械硬盘后，使用“磁盘碎片整理程序”有助于提高计算机的性能。

（　　）

28．无论对于什么窗口，只要将窗口最大化，就不会再有滚动条。（　　）

29．通过任务栏通知区上的“扬声器”图标可以调节扬声器的音量。（　　）

30．Windows 7 不允许删除正在打开的应用程序。（　　）

31．Windows 7 的各种图标是在系统安装的时候就设置好了的，用户不能更改。（　　）

32．使用“写字板”程序可以编辑文本文档。（　　）

33．“双击”是指用鼠标左键单击一次对象后，再用鼠标右键单击一次对象。（　　）

34．“开始”菜单和 Windows 资源管理器窗口中都有“搜索框”，但二者的搜索范围不同，前者可以在计算机中搜索，而后者只可在当前文件夹下搜索。（　　）

35．当不小心误删除了硬盘中当前文件夹下的一个文件后，立即执行“编辑”→“撤消删除”命令可以避免损失。（　　）

36．可以对 U 盘重新格式化，但对硬盘却不可以。（　　）

37．被放置到“回收站”的文件，可以随时将其还原。（　　）

38．最小化窗口就是关闭窗口。（　　）

39．任务栏被隐藏后，任务栏将缩为一条线，当鼠标指向该线时，任务栏自动显示，离开后，又自动隐藏起来。（　　）

40．剪贴板是内存中一块存放临时数据的区域。（　　）

习题 3　Word 2010 的使用

一、单项选择题

1．Microsoft Word 2010 软件的运行环境是（　　）。

A．DOS　　B．WPS　　C．Windows　　D．高级语言

2．在 Word 的编辑状态下，文档中有一行被选定，当按 Backspace 键后（　　）。

A．被选定的行不被删除　　B．删除了被选定的一行

C．删除了被选定行及其之后的内容　　D．删除了被选定行及其之前的内容

3．选定全文的快捷键是（　　）。

A．Ctrl+A　　B．Ctrl+C　　C．Ctrl+V　　D．Ctrl+X

4．在 Word 中，如果要选定多个图形，应该（　　）。

A．依次单击各个图形　　B．Alt+单击各个图形

C．依次双击各个图形　　D．Shift+单击各个图形

5．要将在 Windows 的其他软件环境中制作的图片复制到当前 Word 文档中，下列说法中正确的是（　　）。

A．用“画图”程序打开图片，拖动该图片到 Word 窗口中即可

B．可以通过剪贴板将用其他软件制作的图片粘贴到当前 Word 文档中

C．不能将用其他软件制作的图片复制到当前 Word 文档中

D．以上说法都不对

6．下列操作中不能关闭 Word 的是（　　）。

A．双击 Word 窗口左上角的“控制菜单”图标

B．选择“文件”选项卡→“退出”

C．选择“文件”选项卡→“关闭”

D．单击标题栏右侧的“关闭”按钮

7．在草稿视图下，看不到（　　）。

A．水平滚动条　　B．垂直滚动条　　C．水平标尺　　D．垂直标尺

8．在 Word 中，用鼠标拖动选定文本的同时按住 Ctrl 键，则执行的是（　　）操作。

A．剪切　　B．复制　　C．粘贴　　D．移动

9．在 Word 中，“恢复”操作的快捷键是（　　）。

A．Ctrl+T　　B．Ctrl+Z　　C．Ctrl+I　　D．Ctrl+Y

10．Word 2010 文档的扩展名默认为（　　）。

A．.doc　　B．.xls　　C．.docx　　D．.wps

11．当前插入点在表格之外，位于表格的右侧时，按 Enter 键后，可以使（　　）。

A．插入点所在的行增高　　B．在表格右侧增加一列

C．插入点的下一行增加一行　　D．对表格不起作用

12．关闭 Word 窗口的快捷键是（　　）。

A．Alt+F4　　B．Shift+F4　　C．Alt+空格键　　D．Esc 键

13．在 Word 中，如果想复制选定的文本，则需要在拖动的同时按（　　）。

A．Ctrl 键　　B．Alt 键　　C．Delete 键　　D．Shift 键

14．下列视图方式中，可以显示出页眉和页脚的是（　　）。

A．草稿视图　　B．页面视图　　C．大纲视图　　D．Web 版式视图

15．含有设定上标的分组是（　　）。

A．编辑　　B．字体　　C．段落　　D．样式

16．将文档中一部分文本内容复制到别处，先要进行的操作是（　　）。

A．剪切　　B．复制　　C．粘贴　　D．保存

17．在 Word 编辑状态下，操作的对象经常是被选择的内容，若鼠标指针在某行左边的选定区，则选定该行的操作是（　　）。

A．单击鼠标左键　　B．将鼠标左键连击三下

C．双击鼠标左键　　D．单击鼠标右键

18．在 Word 中，“边框和底纹”命令位于（　　）下。

A．“开始”选项卡→“段落”组→“边框”下拉列表

B．“开始”选项卡→“段落”组→“底纹”下拉列表

C．“开始”选项卡→“字体”组→“边框”下拉列表

D．“开始”选项卡→“字体”组→“底纹”下拉列表

19．在 Word 文档左侧的选定区，使用（　　）鼠标左键操作可以选定整个文档。

A．三击　　B．双击　　C．单击　　D．右击

20．将文档中一部分文本内容移动到别处，先要进行的操作是（　　）。

A．剪切　　B．复制　　C．粘贴　　D．保存

21．打开 Word 文档是指（　　）。

A．从内存中读文档的内容并显示出来

B．把文档的内容从磁盘调入内存并显示出来

C．为指定文档开设一个新的、空的文档窗口

D．显示并打印出文档的内容

22．在 Word 中，“撤消”操作的快捷键是（　　）。

A．Ctrl+T　　B．Ctrl+Z　　C．Ctrl+I　　D．Ctrl+Y

23．在 Word 中提供了“查找和替换”功能，可以查找含有段落标记的字符串。在“查找和替换”对话框的查找内容文本框中，虽然用户无法手工输入段落标记符号，但下列（　　）方法可以实现。

A．使用“查找和替换”对话框中的“格式”项

B．使用“查找和替换”对话框中的“特殊格式”项

C．在“查找和替换”对话框中勾选“使用通配符”项

D．在“查找和替换”对话框中输入符号“*”代替段落标记

24．在 Word 中，段落可以采取多种对齐方式，默认的对齐方式是（　　）。

A．居中　　B．两端对齐　　C．左对齐　　D．右对齐

25．在 Word 的“段落”对话框中，不能设定文本的（　　）。

A．行间距　　B．段落间距　　C．字间距　　D．首行缩进

26．在 Word 中制作表格时，按（　　）快捷键可以将插入点移到前一个单元格。

A．Tab　　B．Alt+Tab　　C．Ctrl+Tab　　D．Shift+Tab

27．在 Word 中，用户若需要将一篇文章中的字符串“电脑”全部替换为字符串“计算机”，则可以在“开始”选项卡下“编辑”组中选择（　　）。

A．选择　　B．定位　　C．复制　　D．替换

28．关于 Word 的功能，下列说法中错误的是（　　）。

A．可以自动保存文件，间隔时间由用户设定

B．在查找和替换字符串时，可以区分大写/小写，也可以区分全角/半角

C．可以用“写字板”“记事本”程序打开 Word 文档，并正确显示文档内容

D．可以不同的比例显示文档内容

29．在 Word 中，要写入一个复杂的数学表达式，最好使用 Word 附带的（　　）。

A．公式编辑器　　B．画图　　C．图像生成器　　D．剪贴板

30．在 Word 窗口，保存文档的快捷键是（　　）。

A．Ctrl+S　　B．Ctrl+P　　C．Ctrl+N　　D．Ctrl+V

31．在 Word 中，单击垂直滚动条下方的▼按钮，可使窗口中显示的内容（　　）。

A．上滚一屏　　B．上滚一行　　C．下滚一行　　D．下滚一屏

32．Word 中可同时显示水平标尺和垂直标尺的视图方式是（　　）。

A．草稿视图　　B．大纲视图　　C．页面视图　　D．Web 版式视图

33．下列关于 Word 分栏的说法中，正确的是（　　）。

A．最多可以分 5 栏　　B．各栏间必须有分隔线分隔

C．各栏的宽度可以不同　　D．各栏之间的间距固定为 2 磅

34．在 Word 中保存文件时，不能保存为（　　）文件类型。

A．.exe　　B．.docx　　C．.doc　　D．.txt

35．在 Word 中，每按一次 Backspace 键都会（　　）。

A．删除当前插入点前的一个汉字或字符

B．删除当前插入点前的一个词

C．删除当前插入点所在的整个段落

D．删除当前选定文字前的一个汉字或字符

36．在 Word 中，要给选定段落的左边添加边框，可以在“边框和底纹”对话框的“边框”选项卡下单击（　　）按钮。

A．上框线　　B．左框线　　C．右框线　　D．方框

37．在 Word 中，设置“悬挂缩进”应该在“段落”对话框中选择（　　）选项。

A．对齐方式　　B．行距　　C．特殊格式　　D．缩进

38．要将 Word 文档转存为“记事本”能处理的文本文件，应选择（　　）文件类型。

A．Word 文档　　B．WPS 文本　　C．纯文本　　D．RTF 格式

39．在 Word 的编辑状态，当前编辑的文档是 C:盘中的 zch.docx 文档，要将该文档复制到 U 盘，应当使用（　　）命令。

A．“文件”选项卡→“另存为”　　B．“文件”选项卡→“保存”

C．“文件”选项卡→“新建”　　D．“文件”选项卡→“打开”

40．Word 中的标尺不可以用于（　　）。

A．设置段落的缩进或制表位　　B．改变段落左右边界

C．改变分栏的栏宽或表格的列宽　　D．设置字符间距

41．在 Word 的编辑状态，选择（　　）可以对当前选定的段落设置项目符号。

A．“文件”选项卡→“字体”组→“项目符号”

B．“开始”选项卡→“字体”组→“项目符号”

C．“开始”选项卡→“段落”组→“项目符号”

D．“文件”选项卡→“段落”组→“项目符号”

42．如果要在 Word 中设置定时自动保存文件的功能，应选择“文件”选项卡→“选项”命令，在“Word 选项”对话框中选择（　　）。

A．常规　　B．显示　　C．保存　　D．高级

43．在 Word 编辑过程中，切换“插入”与“改写”两种编辑状态的方法是按（　　）键。

A．Delete　　B．Ctrl+N　　C．Ctrl+S　　D．Insert

44．在 Word 中，使插入点快速定位到文档末尾的操作是按（　　）键。

A．Ctrl+Home　　B．Alt+End　　C．Ctrl+End　　D．PgDn

45．在 Word 中，不能保存一篇新文档的操作是（　　）。

A．选择“文件”选项卡→“另存为”

B．按 Ctrl+O 快捷键

C．单击快速访问工具栏的“保存”按钮

D．按 Ctrl+S 快捷键

46．在 Word 的编辑状态，打开 zrl.docx 文档后，又以 zr2.docx 为文件名进行了“另存为”操作，则（　　）。

A．当前文档是 zrl.docx　　B．当前文档是 zr2.docx

C．当前文档的文件名不确定　　D．zr1.docx 与 zr2.docx 全被关闭

47．若要将选定的文本设为“斜体”，可以选择“开始”选项卡→“字体”组→“对话框启动器”，在“字体”对话框中进行设置，或者直接单击“字体”组中的（　　）。

A．**B**按钮　　B．**U**按钮　　C．按钮　　D．按钮

48．在 Word 中打开多个文档时，可以通过“视图”选项卡下的“窗口”组中的（　　）按钮进行切换。

A．切换窗口　　B．新建窗口　　C．全部重排　　D．并排查看

49．Word 中，按（　　）快捷键可打开一个已存在的文档。

A．Ctrl+N　　B．Ctrl+O　　C．Ctrl+S　　D．Ctrl+P

50．在 Word 的编辑状态打开一个文档并做了修改，进行“关闭”文档操作时，（　　）。

A．文档被关闭，并自动保存修改后的内容

B．文档不能关闭，并提示出错

C．文档被关闭，修改后的内容没有保存

D．弹出对话框，并询问是否保存对文档的修改

51．Office 应用程序的“文件”选项卡下都有“保存”和“另存为”命令。当文件首次存盘时，（　　）。

A．只能使用“保存”命令

B．只能使用“另存为”命令

C．无论使用“保存”还是“另存为”命令，都会出现“另存为”对话框

D．无论使用“保存”还是“另存为”命令，都将自动保存文件到桌面上

52．在 Word 中，使用快捷键 Ctrl+Enter 可产生一个（　　）。

A．分节符　　B．分页符　　C．段落结束符　　D．手动换行符

53．要选定某个自然段，可将鼠标指针移到该段落左侧的选定区，再（　　）。

A．单击　　B．双击　　C．右击　　D．三击

54．在 Word 中，查找操作（　　）。

A．只能无格式查找

B．只能有格式查找

C．可以查找某些特殊的非打印字符

D．查找的内容不能夹带通配符

55．在 Word 中，要将表格中一个单元格变成两个单元格，应先选定该单元格，然后选择表格工具下的“布局”选项卡→“合并”组中的（　　）命令。

A．删除单元格　　B．合并单元格　　C．拆分单元格　　D．拆分表格

56．在 Word 中，可使用（　　）选项卡下的“页眉和页脚”组，建立页眉和页脚。

A．开始　　B．插入　　C．视图　　D．页面布局

57．编辑 Word 表格时，选择“表格工具”中“布局”选项卡→“行和列”组→“删除”下拉列表，无法实现（　　）功能。

A．删除整个表格　　B．删除插入点所在的单元格

C．删除插入点所在的整行　　D．删除插入点所在的单元格及相邻单元格

58．在 Word 中，可选择（　　）中的“分隔符”列表，在文档的插入点处强行分页。

A．“插入”选项卡→“文本”组　　B．“页面布局”选项卡→“页面设置”组

C．“插入”选项卡→“页面设置”组　　D．“页面布局”选项卡→“文本”组

59．在 Word 的编辑状态下，执行“粘贴”命令，可实现（　　）功能。

A．将文档中被选定的内容复制一份插入到当前插入点处

B．将文档中被选定的内容复制一份存入剪贴板中

C．将剪贴板中的内容复制到当前插入点处

D．将剪贴板中的内容移动到当前插入点处

60．在 Word 中，选择“文件”选项卡下的“关闭”命令是（　　）。

A．将 Word 窗口及所有打开的文档窗口全部关闭

B．关闭 Word 中所有打开的文档窗口，但不关闭 Word 窗口

C．关闭当前正在编辑的文档窗口，但不关闭 Word 窗口

D．将 Word 中当前的活动窗口最小化

61．在 Word 中，使插入点快速定位到文档首部的操作是按（　　）键。

A．Ctrl+Home　　B．Alt+End　　C．Ctrl+End　　D．PgDn

62．在 Word 窗口下，定位插入点后，可选择“插入”选项卡→“文本”组→“对象”下拉列表中的（　　），将其他文件的内容插入到当前文档中。

A．文件　　B．图片　　C．对象　　D．文件中的文字

63．在 Word 中，按（　　）键可使插入点快速定位到本行末尾。

A．Ctrl+Home　　B．End　　C．Ctrl+End　　D．Home

64．在 Word 中，使插入点快速定位到本行首部的操作是按（　　）键。

A．Ctrl+Home　　B．End　　C．Ctrl+End　　D．Home

65．在 Word 中，文本编辑区内有一个闪动的细竖线，它表示（　　）。

A．插入点，可在该处输入字符　　B．文章结尾符

C．字符选取标志　　D．鼠标指针

66．在 Word 的编辑状态下，执行“复制”命令后，（　　）。

A．被选定的内容将被复制到插入点处

B．将剪贴板的内容复制到插入点处

C．被选定的内容将被复制到剪贴板中

D．将被选定内容的格式复制到剪贴板中

67. 以下有关段落的叙述中，不正确的是（　　）。

A. 段落标记 ↵总是位于自然段的结尾处

B. 要把自然段分为两段，在要拆分处按 Tab 键

C. 要把两段合并成一段，在第二段的段首按 Backspace 键

D. 要把两段合并成一段，在第一段的段末按 Delete 键

68. 在 Word 的当前文档中选定部分文本后按空格键，则（　　）。

A. 被选定的文本后增加了一个空格　　B. 被选定的文本前增加了一个空格

C. 被选定的文本被空格取代　　D. 没有任何变化

69. 在 Word 中插入一个自选图形后，可以设置该图形与文档编辑区文字的位置关系，下列说法错误的是（　　）。

A. 图形可以衬于文字下方　　B. 图形可以浮于文字上方

C. 图形只能插入到页眉/页脚中　　D. 文字可以环绕于图形四周

70. 打开 A.docx 和 B.docx 两个文档的编辑窗口后，选定 A 文档中的部分文字，按住 Ctrl 键拖动至 B 文档中，可以实现（　　）功能。

A. 复制　　B. 移动　　C. 删除　　D. 以上都不对

71. 通过调整窗口比例可以看清文档内容，下列方法中不能调整窗口显示比例的是（　　）。

A. 选择“视图”选项卡→“显示比例”组→“显示比例”

B. 在状态栏右侧，向右拖动“显示比例”滑块

C. 在状态栏右侧，单击“放大”按钮

D. 选择“开始”选项卡→“段落”组→“中文版式”下拉按钮→“字符缩放”

72. 在 Word 中，关于文本与表格之间的转换，下列说法正确的是（　　）。

A. 只能将文本转换成表格　　B. 只能将表格转换成文本

C. 不能相互转换　　D. 可以相互转换

73. 在 Word 的“页面设置”对话框中，不能设置（　　）。

A. 纸张大小　　B. 页边距　　C. 每页的行数　　D. 分栏数

74. 在 Word 中，使用“查找”功能无法找到（　　）中所显示的文字。

A. 文本框　　B. 图片　　C. 正文　　D. 表格

75. 在 Word 编辑状态下，要将不相邻的两段文字互换位置，可以采用的方法是（　　）。

A. 剪切　　B. 粘贴　　C. 复制+粘贴　　D. 剪切+粘贴

76. 在 Word 中，按 Shift+Enter 快捷键将产生一个（　　）。

A. 分节符　　B. 分页符　　C. 段落结束符　　D. 手动换行符

77. 在 Word 中，定位插入点后进行了字体颜色的设置，则新设置的字体颜色将对（　　）有效。

A. 插入点前的文字　　B. 插入点后新输入的文字

C. 插入点后的文字　　D. 插入点所在段落的所有文字

78. 在 Word 中选定内容并按 Delete 键，则（　　）。

A. 等同于选择“开始”选项卡→“剪贴板”组→“剪切”

B. 等同于选择“开始”选项卡→“剪贴板”组→“复制”

C. 选定内容被删除，但不能用“撤消”命令恢复

D. 选定内容被删除

79．下列关于 Word 的叙述中，错误的是（　　）。

A．新建的文档可以使用“文件”选项卡下的“另存为”命令保存

B．“查找”和“替换”操作允许区分全角和半角

C．“撤消”命令不可以重复使用

D．只有在编辑表格时，“表格工具”功能区才可能显示和使用

80．以下关于 Word 的说法中，错误的是（　　）。

A．在文档内容的输入和编辑过程中，系统一直处于改写状态

B．在段落中进行插入、删除等操作后，文本会自动按左右边界进行调整

C．在 Word 中删除分页符、分节符和删除一般字符的方法相同

D．双击文档窗口垂直滚动条上方的拆分块，可以将窗口一分为二或合二为一

81．在 Word 文档编辑过程中，若希望在某个特定位置重起一页，可先定位插入点，然后选择“页面布局”选项卡→“页面设置”组→“分隔符”列表→“分页符”，关于分页符，下列说法正确的是（　　）。

A．插入分页符后，当前插入点位置后的文字将于相邻的下一行另起一段

B．插入分页符的操作只能在页面视图下进行

C．在页面视图下，分页符不可以被删除

D．插入分页符后，当前插入点位置后的文字将于相邻的下一页另起一段

82．选定 Word 表格的第 1 行后按 Ctrl+C 快捷键，再定位插入点到其他段落中，按 Ctrl+V 快捷键，即完成（　　）操作。

A．整个表格被复制

B．表格第 1 行的所有单元格被复制，但内容丢失，产生只有一行的空表

C．表格第 1 行的所有单元格及内容被复制

D．表格第 1 行的所有文本内容被复制，产生一个段落

83．可以利用 Word 的（　　）对话框改变表格内容的垂直对齐方式。

A．表格属性　　B．段落　　C．字体　　D．边框和底纹

84．如果已有页眉，再次进入页眉区只需双击（　　）即可。

A．文本区　　B．标题栏　　C．页眉区　　D．功能区

85．关于 Word 中的页眉和页脚，下列无法实现的操作是（　　）。

A．在页眉中插入剪贴画　　B．建立奇偶页内容不同的页眉

C．在页眉中插入分隔符　　D．在页眉中插入日期

86．在 Word 中修改某一页的页眉，则（　　）。

A．同一节的所有页的页眉都将被修改

B．整篇文档的所有页的页眉都必定被修改

C．其余页的页眉一定不变

D．出错，页眉设置后不能修改

87．以下对表格操作的叙述中，错误的是（　　）。

A．在表格的单元格中除了可以输入文字、数字，还可以插入图片

B．文本与表格可以相互转换

C．表格的每一行中各单元格的宽度可以不同

D．表格的每一行单元格高度一定相同

88．设置打印纸张的大小，不可以使用的方法是（　　）。

A．选择“文件”选项卡→“打印”

B．选择“页面布局”选项卡→“页面设置”组→“纸张大小”

C．选择“页面布局”选项卡→“页面设置”组→对话框启动器

D．选择“视图”选项卡→“显示”组

89．在 Word 中，如果要调整行距，可使用（　　）。

A．“段落”对话框　　B．“字体”对话框

C．“页面设置”对话框　　D．“边框和底纹”对话框

90．在 Word 的“字体”对话框中不能设置文字的（　　）。

A．缩进　　B．字形　　C．颜色　　D．字间距

91．在 Word 中可以将段落文字转换为表格，对这段文字的要求是（　　）。

A．必须是一个段落

B．必须是一节

C．每行的几个部分之间必须用空格分隔

D．每行的几个部分必须用统一符号分隔

92．若要加大两个段落的间距，又要求此间距小于一个空行的距离，可用（　　）办法解决。

A．在每两行之间按 Enter 键　　B．在每两段落之间按 Enter 键

C．在“段落”对话框中设置段间距　　D．在“字体”对话框中增大字号

93．在 Word 编辑状态下选定了某个段落后，若想设置该段为 2.1 倍行距，则应在“段落”对话框的“缩进和间距”选项卡下，选择“行距”列表框中的（　　）。

A．单倍行距　　B．最小值　　C．固定值　　D．多倍行距

94．用 Word 的“格式刷”按钮可以复制（　　）。

A．段落的格式和内容　　B．文字的格式和内容

C．段落和文字的格式　　D．段落和文字的格式和内容

95．Word 段落中可能造成每行的字间距不相等的对齐方式是（　　）。

A．左对齐　　B．右对齐　　C．居中　　D．分散对齐

96．对当前文档中的文字进行“字数统计”操作，应当使用（　　）选项卡下的命令。

A．开始　　B．插入　　C．页面布局　　D．审阅

97．Word“剪贴板”组中的“格式刷”按钮，可用于复制文本或段落的格式，若要将选择好的文本或段落的格式重复应用多次，应（　　）格式刷。

A．单击　　B．双击　　C．右击　　D．拖动

98．对选定文档中某些段落进行有效的分栏操作后，必须在（　　）视图下才能看到分栏效果。

A．草稿　　B．页面　　C．大纲　　D．Web 版式

99．以下关于 Word 的说法中，错误的是（　　）。

A．在草稿视图下，分页位置仅显示出一条虚线

B．在文档中不能使用非数字形式的页码

C．Word 文档分栏后，各栏的栏宽可以相同或不同

D．可以对 Word 文档中插入的图形对象进行删除、剪切、复制、粘贴等操作

100．编辑 Word 表格时，按住 Shift 键拖动水平标尺上的列间隔线，则（　　）。

A．整个表格平移

B．移动这条列线，而其他列线都不动

C．移动这条列线，该列线右侧的表格平移

D．移动这条列线，该列线左侧的表格平移

101．选定表格某行的所有单元格（包括表格右侧的段落标记），再执行“剪切”命令，则（　　）。

A．将该行的边框线删除

B．将该行各单元格中的内容删除

C．删除该行所有单元格及内容，下行单元格上移

D．将该表格拆分成两个表格

102．“边框和底纹”对话框不能用于设置（　　）的框线和底纹。

A．文本或段落　B．表格　C．段落标记　D．文本框

103．在 Word 表格中，可对表格的内容进行排序，下列不能作为排序类型的是（　　）。

A．笔画　B．拼音　C．字号　D．数字

104．下列关于 Word 表格单元格的叙述中，不正确的是（　　）。

A．单元格中可以包含多个段落　B．单元格的内容可以是图形

C．单元格可以被拆分　D．同一行各单元格的格式必须相同

105．选择“插入”选项卡→“插图”组→“形状”下拉列表，制作各种图形，下列说法中错误的是（　　）。

A．图形可以翻转

B．如果与文字重叠，图形一定覆盖文字

C．如果是封闭图形，可以填充颜色

D．图形线条的颜色可以随时更改

106．下列关于 Word 图形处理的说法中，不正确的是（　　）。

A．对图形处理之前，必须先选定它

B．要选定图形只需单击图形即可

C．可以改变图形的大小

D．不可以对图形做“剪切”操作

107．在 Word 文档中插入数学公式，应选择“插入”选项卡“符号”组中的（　　）。

A．公式　B．符号　C．编号　D．Σ

108．Word 文档中，每个段落都有自己的段落标记，段落标记的位置在（　　）。

A．段落的结尾处　B．段落的首部

C．段落的右侧　D．段落的左侧

109．用快捷键 Ctrl+F4 可以实现的功能是（　　）。

A．关闭 Word 应用程序及所有 Word 文档

B．关闭所有应用程序

C．关闭正在编辑的 Word 文档，但不关闭 Word 应用程序及其他 Word 文档

D．关闭所有 Word 文档，但不关闭 Word 应用程序

110．段落标记是在输入（　　）之后产生的。

A．Shift+Enter 键　B．Enter 键　　C．句号　　D．Ctrl+Enter 键

111．在 Word 编辑状态下，若要调整左右边界，比较直接、快捷的方法是使用（　　）。

A．“段落”对话框 B．水平标尺　　C．标题栏　　D．垂直标尺

112．在 Word 编辑状态下，当前输入的文字显示在（　　）。

A．插入点处　　B．鼠标指针处　C．文件尾部　　D．当前行尾部

113．Word 窗口中标题栏最右端的按钮是（　　）。

A．“关闭”按钮　　B．“最小化”按钮

C．“最大化”按钮　　D．“还原”按钮

114．Office 应用程序提供了许多模板，以下关于模板的表述中，错误的是（　　）。

A．模板中往往提供了一些特定数据和格式

B．模板可以多次被使用

C．模板可以被修改

D．模板是 Office 提供的，用户不能自己创建新模板

115．Word 的邮件合并是指（　　）。

A．将多个文档依次连接在一起并输出

B．将多个文档合并成一个文档后输出

C．将主文档和数据源文档合并输出

D．将两个电子邮件合并输出

116．在 Word 编辑状态下，在文档每一页底端插入注释文字，应该使用（　　）。

A．批注　　B．题注　　C．尾注　　D．脚注

117．下列方法中不能启动 Word 2010 的是（　　）。

A．选择“开始”→“所有程序”→“Microsoft Office”→“Microsoft Word 2010”命令

B．在 Windows 资源管理器窗口中，右击一个扩展名为.docx 的文件→“打开”命令

C．在 Windows 资源管理器窗口中，双击一个扩展名为.xlsx 的文件

D．在 Windows 资源管理器窗口中，双击一个扩展名为.docx 的文件

118．选择“视图”选项卡，“窗口”组→“新建窗口”，可以新开一个窗口，使当前正在编辑的文档同时在两个窗口中显示，下列说法错误的是（　　）。

A．在一个窗口内修改后，另一个窗口的内容也同时改变

B．在一个窗口内执行“保存”命令后，另一个窗口的内容也同时保存

C．关闭一个窗口后，另一个窗口也同时被关闭

D．两个窗口的内容可以同时显示

119．若要将选定的文本加粗，应单击“开始”选项卡下“字体”组中的（　　）。

A．**B**按钮　　B．U按钮　　C．*I*按钮　　D．按钮

120．在 Word 文档编辑过程中，移动鼠标指针到正文中的任意一个文字处，连续按鼠标左键三下，可以实现（　　）操作。

A．选定这个文字　　B．选定这个文字所在的词组

C．选定这个文字所在的段落　　D．选定全文

二、多项选择题

1．从 Word 页眉/页脚的编辑状态返回到正文编辑状态，可以（　　）。

A．单击“页眉和页脚工具”的“设计”选项卡中的“关闭页眉和页脚”按钮

B．单击文档编辑区

C．双击文档编辑区

D．按 Esc 键

2．删除一个段落尾部的段落标记↵后，可以与后面段落的文字合并成一个段落，下列操作中可以实现段落合并的是（　　）。

A．选定↵，按 Delete 键

B．选定↵，按 Backspace 键

C．选定↵，执行“剪切”命令

D．将插入点定位到↵前，按 Backspace 键

E．将插入点定位到↵前，按 Delete 键

F．将插入点定位到后面段落首，按 Backspace 键

3．在 Word 中，下列操作中能选定整个文档的是（　　）。

A．三击文档左侧的选定区

B．按住 Ctrl 键，单击选定区

C．选择“开始”选项卡→“编辑”组→“选择”下拉按钮→“全选”

D．按 Ctrl+A 快捷键

E．单击文档首位置，按住 Shift 键，再单击文档尾部

F．按住 Shift 键，单击选定区

4．在一个正处于编辑状态的 Word 文档中，若要选择一个段落内的部分连续文字，下列操作中正确的是（　　）。

A．将鼠标指针移到待选文字的开头，按住鼠标左键拖动，直到待选文字的末尾

B．将插入点定位到待选文字的开头，按住 Shift 键，再按方向键→，直至待选文字的末尾

C．在段落内任意处双击

D．在段落内任意处三击

E．在段落左侧的选定区双击

F．将插入点定位到待选文字的开头，按住 Shift 键，再单击待选文字的末尾

5．下列说法中，正确的是（　　）。

A．定位插入点，然后按 Enter 键，则从该位置分割段落

B．凡是分页符都可以删除

C．在使用 Word 的过程中，随时按键盘上的 F1 键都可以获得帮助

D．在任何视图下都可以看到分栏的效果

E．Word 中的分页符也称分节符

F．选择“插入”选项卡→“插图”组中的各个选项，可以插入图表、剪贴画、图片

6. 在 Word 中，按住（　　）键，单击图形，可选定多个图形。

A. Ctrl　　B. Alt　　C. Esc　　D. Shift

7. 在 Word 中，下列操作中可以为文档加上页码的是（　　）。

A. 选择“插入”选项卡→“页眉和页脚”组→“页码”

B. 选择“插入”选项卡→“文本”组→“页码”

C. 选择“加载项”选项卡→“页码”

D. 选择“页眉和页脚工具”中的“设计”选项卡→“页眉和页脚”组→“页码”

8. 下列（　　）的操作可以实现对文档的页面设置。

A. 选择“文件”选项卡→“打印”→“页面设置”

B. 选择“视图”选项卡→“显示”

C. 选择“页面布局”选项卡→“页面设置”组

D. 选择“页面布局”选项卡→“页面设置”组→对话框启动器

9. 下列操作中，（　　）能在 Word 文档中插入表格。

A. 选择“插入”选项卡→“表格”组→“插入表格”

B. 选择“插入”选项卡→“表格”组→“绘制表格”

C. 选择“插入”选项卡→“表格”组→在网格中拖动确定行、列

D. 选定一部分有规律的文本，然后选择“插入”选项卡→“表格”组→“文本转换成表格”

E. 选择“插入”选项卡→“表格”组→“Excel 电子表格”

F. 选择“插入”选项卡→“表格”组→“快速表格”

10. 以下叙述中，（　　）是正确的。

A. 可以改变文本框中的文字方向，而不改变文档正文的文字方向

B. 在 Word 表格中，不可以进行运算

C. 在文本框中可以插入图片

D. 在文本框中不能使用项目符号

E. 选定整个表格后（表格右侧的段落标记也已选定），单击“段落”组中的“居中”按钮，表格被居中，而单元格内文字的对齐方式并无变化

F. 选定表格，按 Delete 键，可以删除表格及表格内的所有内容

11. 要删除选定的文本，可以（　　）。

A. 单击“开始”选项卡“剪贴板”组中的“剪切”按钮

B. 按键盘上的 Delete 键

C. 按键盘上的 Backspace 键

D. 右击选定的文本，选择快捷菜单中的“剪切”命令

12. 在 Word 中，可对选定的对象实现复制操作的是（　　）。

A. 单击“开始”选项卡“剪贴板”组中的“复制”按钮

B. 右击对象，在快捷菜单中选择“复制”命令

C. 使用快捷键 Ctrl+C

D. 使用快捷键 Ctrl+X

13．将 A 文档的内容全部插入到 B 文档中，可以（　　）。

A．选择“插入”选项卡→“文本”组→“对象”→“文件中的文字”→选择 A 文档

B．选定 A 文档所有内容，按 Ctrl+C 快捷键，在 B 文档中定位插入点，按 Ctrl+V 快捷键

C．选择“插入”选项卡→“文件”，选定 A 文档进行插入

D．同时打开 B 文档和 A 文档，选定 A 文档的全部内容，按住 Ctrl 键拖动至 B 文档

14．关于图片的大小，下列（　　）说法是正确的。

A．单击图片之后，图片四周会出现 8 个控制点，这时可以调整图片的大小

B．右击选定的图片→“设置图片格式”命令，弹出“设置图片格式”对话框，在“大小”选项卡下，可以设置图片的高度和宽度

C．插入到 Word 文档中的图片，其大小是不可以被改变的

D．通过图片四周 8 个控制点调整图片大小的同时，按住 Shift 键，可以锁定图片的横纵比例

15．修改页眉的内容可以通过（　　）途径实现。

A．选择“视图”选项卡→“页眉和页脚”组

B．选择“插入”选项卡→“页眉和页脚”组→“页眉”列表→“编辑页眉”

C．选择“页面布局”选项卡→“页眉和页脚”组

D．双击页眉和页脚位置

三、判断题

1．查找的快捷键为 Alt+F。（　　）

2．要给选定的文字加下划线，可单击“字体”组中的按钮。（　　）

3．在 Word 中，用快捷键 Ctrl+C 将所选内容复制至剪贴板后，可以使用快捷键 Ctrl+V 将其粘贴到需要的位置。（　　）

4．选择“开始”选项卡→“段落”组→“编号”列表，可为所选段落设置序号。（　　）

5．如果想增大选定文本的字号的磅值应使用“字符缩放”按钮。（　　）

6．Word 窗口中间的文字及其后的空白区称为选定区。（　　）

7．在 Word 窗口的工作区中闪烁的竖条表示插入点位置。（　　）

8．使用快捷键 Ctrl+F1 可以展开或最小化 Word 2010 窗口中的功能区。（　　）

9．选择“插入”选项卡→“符号”组→“公式”可创建数学公式。（　　）

10．替换的快捷键为 Ctrl+H。（　　）

11．Word 中，拖动水平标尺左侧下面的小方块可设定左缩进。（　　）

12．Word 中，要对文档进行打印，可以选择“文件”选项卡→“打印”。（　　）

13．位于 Word 窗口最下方的状态栏，可显示页码、插入/改写状态等信息。（　　）

14．Word 中保存文件可用快捷键 Ctrl+C。（　　）

15．利用“形状”下拉列表可以插入文本框、矩形等对象。（　　）

16．生成目录可以从“引用”选项卡→“目录”组实现。（　　）

17．Word 中的文本框有“横排”和“竖排”之分。（　　）

18. 选择“视图”选项卡→“窗口”组→“新建窗口”，可以使同一文档在不同的窗口显示。（　　）

19. 如果已有一个 Word 文档 ww.docx，经过编辑修改后，希望以 zch.docx 为文件名保存，而不覆盖 ww.docx，则应选择“文件”选项卡→“另存为”命令。（　　）

20. 在输入文本时，按 Enter 键后将产生分页符。（　　）

21. Word 没有自动生成目录的功能。（　　）

22. 选择“插入”选项卡→“表格”组→“绘制表格”可以手工制表。（　　）

23. Word 文档编辑过程中，剪贴板中的内容一旦生成，可以多次粘贴使用。（　　）

24. 单击快速访问工具栏中的按钮可以按原文件名保存文档。（　　）

25. 使用快捷键 Alt+F4 可以关闭正在编辑的文档，但不会关闭 Word 应用程序。（　　）

26. Word 文档中，可以设置段落标记↵隐藏或显示。（　　）

27. 在 Word 的“字体”对话框中可以设置字形、字号、字体颜色。（　　）

28. Word 中将插入点移动到文档末尾可以使用快捷键 Alt+End。（　　）

29. 在 Word 中，对文本和图形的移动操作应先“粘贴”后“剪切”。（　　）

30. 可以给图片和段落加边框。（　　）

31. 在 Word 中，按快捷键 Ctrl+Home 可以将插入点移动到行尾。（　　）

32. 不可以对表格内各单元格的内容设置多倍行距。（　　）

33. 当表格在文档首行时，在第一个单元格按 Enter 键可在表格前添加一行。（　　）

34. 表格一经建立，其单元格的宽度和高度就不能改变了。（　　）

35. 选定表格的一列后右击，可以选择“删除列”命令删除该列中所有单元格的内容，但表格的列数不变。（　　）

36. 在 Word 窗口的文档编辑区正上方有一个刻度尺，称之为水平标尺。（　　）

37. 在“表格属性”对话框中可以设置表格的行数、列数。（　　）

38. 选择“字体”组→“更改大小写” Aa▾ →“全部小写”命令，可将所有英文大写单词全部改为小写。（　　）

39. 两个选定的图形不可以组合成一个对象。（　　）

40. 艺术字与图形都不可以衬于文字下方。（　　）

习题 4　Excel 2010 的使用

一、单项选择题

1. 在 Excel 工作表中，要向单元格内输入手机号字符串 13823456789，正确的输入形式为（　　）。

A. '13823456789'　B. '13823456789　C. 13823456789　D. 13823456789'

2. 在 Excel 工作表中，使用“高级筛选”对数据清单进行筛选时，在条件区不同行中输入两个条件表示（　　）关系。

A. 或　B. 与　C. 非　D. 异或

3．下列关于 Excel 功能的叙述中，正确的是（　　）。

A．在 Excel 中，不能处理图形和图表

B．在 Excel 中，只能处理表格

C．Excel 的数据库管理可支持数据记录的增加、删除、修改等操作

D．在一个工作表中包含多个工作簿

4．在 Excel 中，一个工作表最多可包含的列数是（　　）。

A．16384　　B．256　　C．65536　　D．任意多

5．在 Excel 工作表中，设有如图 2-4-1 所示的数据形式，利用“分类汇总”统计每日商品销售小计及总计值，应首先按（　　）字段排序。

A．销售日期　　B．商品名称　　C．销售数量　　D．销售额

	A	B	C	D	E
1	商品名称	单价	销售数量	销售日期	销售额
2					

图 2-4-1　Excel 分类汇总示例

6．在 Excel 工作表中，为工作表中的数据建立图表，正确的说法是（　　）。

A．只能将图表嵌入到工作表中，不能建立一张单独的图表工作表

B．只能为连续的数据区建立图表，若数据区不连续则不能建立图表

C．图表中的图表类型一经选定，建立图表后，将不能修改

D．当数据区中的数据系列被删除后，图表中的相应内容也会被删除

7．关于 Excel 工作表中单元格的宽度和高度，下列说法正确的是（　　）。

A．既能改变行的高度，又能改变列的宽度

B．只能改变列宽，行的高度是不可改变的

C．只能改变行的高度，列宽是不可改变的

D．都是固定不可改变的

8．在 Excel 工作簿中，可根据需要拆分窗口，一张工作表最多可拆分（　　）个窗口。

A．5　　B．4　　C．3　　D．任意多个

9．在 Excel 工作表中，第 10 行第 6 列单元格地址可表示为（　　）。

A．F6　　B．J6　　C．F10　　D．J10

10．在 Excel 工作表中，向某单元格输入（23）后，单元格内将显示（　　）。

A．–23　　B．（23）　　C．23　　D．+23

11．向 Excel 单元格中输入身份证号码 200300196802270044 后，单元格中却出现了 2.003E+17，下列与此相关的分析中，（　　）是错误的。

A．身份证号码属于数字文本，这里却被当作数值型数据输入了

B．解决的办法是在前面加上一个英文半角单引号“'”

C．Excel 不能接受这么长的字符串

D．数值型数据的长度超过单元格列宽时，系统会自动将其转换成指数形式

12．下列方法中，不能退出 Excel 的是（　　）。

A．单击 Excel 控制菜单图标　　B．选择“文件”选项卡→“退出”

C．双击 Excel 控制菜单图标　　D．按快捷键 Alt+F4

13．在 Excel 工作表中，选定某单元格后右击，在快捷菜单中选择“删除”命令，不可能完成的操作是（　　）。

A．左侧单元格右移　　B．右侧单元格左移

C．删除该列　　D．删除该行

14．在 Excel 工作表中，有如图 2-4-2 所示的数值型数据，在 C3 单元格的编辑栏输入公式=C2+$C$2，再按 Enter 键后，C3 单元格的内容为（　　）。

A．10　　B．12　　C．26　　D．9

	A	B	C
1	1	2	3
2	4	5	6
3	7	8	

图 2-4-2　Excel 公式应用示例

15．在 Excel 中，关于工作表及为其建立的嵌入式图表的说法，正确的是（　　）。

A．删除工作表中的数据，图表中的数据系列不会删除

B．增加工作表中的数据，图表中的数据系列不会增加

C．修改工作表中的数据，图表中的数据系列不会修改

D．以上说法均不正确

16．在 Excel 工作表中，单元格 C4 中有公式=B3+$C$5，在第 3 行之前插入一行之后，单元格 C5 中的公式为（　　）。

A．=B4+$C$6　　B．=B4+$C$5　　C．=B3+$C$6　　D．=B3+$C$5

17．Excel 工作簿新建后，默认含有（　　）张工作表。

A．1　　B．2　　C．3　　D．4

18．Excel 2010 工作簿的扩展名默认为（　　）。

A．.xls　　B．.docx　　C．.doc　　D．.xlsx

19．在同一个工作簿中要引用其他工作表中某个单元格的数据（如 Sheet2 中 D8 单元格的数据），下列表达式中正确的是（　　）。

A．=Sheet2!D8　　B．+Sheet2!D8　　C．$Sheet2$D8　　D．=D8(Sheet2)

20．删除当前工作表中某行的正确操作是（　　）。

A．右击，在快捷菜单中选择“剪切”

B．选择“开始”选项卡→“单元格”组→“删除”→“删除工作表行”

C．选择“开始”选项卡→“编辑”组→“消除”→“全部清除”

D．按 Delete 键

21．当在某单元格内输入一个公式并确认后，单元格内容显示为#DIV/0!，它表示（　　）。

A．结果太长，单元格容纳不下　　B．某个参数不正确

C．公式引用了无效的单元格　　D．公式中出现被零除的现象

22．在 Excel 工作表中，某单元格中的公式为=$C8，这里的$C8 属于（　　）引用。

A．行相对列绝对的混合　　B．列相对行绝对的混合

C．绝对　　D．相对

23．Excel 中，下列操作中可以清除格式的是（　　）。

A．按 Ctrl+C 快捷键

B．按 Ctrl+V 快捷键

C．按 Delete 快捷键

D．选择“开始”选项卡→“编辑”组→“清除”

24．在 Excel 工作表中，如果要在同一行或同一列的连续单元格内使用公式，可以先在一个单元格中输入公式，然后用鼠标拖动单元格的（　　）来实现公式复制。

A．行号　　B．列标　　C．填充柄　　D．黑色边框

25．Excel 工作簿新建后，第一张工作表的名称默认为（　　）。

A．Sheet1　　B．表 1　　C．Book1　　D．工作簿 1

26．在对数值型数据进行修改时，若出现#######，说明（　　）。

A．格式语法错误　　B．单元格宽度不够

C．系统出现错误　　D．以上答案都不正确

27．在 Excel 当前工作表中，单元格 B1 的内容为数字 10，B2 的内容为数字 3，则 COUNT(B1:B2)等于（　　）。

A．1　　B．2　　C．13　　D．30

28．下列关于 Excel 工作表的叙述中，正确的是（　　）。

A．工作表内只能包括数字和字符串

B．工作表内可以包括数字、字符串和汉字，但不能包括公式和图表

C．工作表内可以包括字符串、数字、公式、图表等丰富信息

D．以上说法都是错误的

29．在 Excel 工作表中，每个单元格的名称是由（　　）组成的。

A．行号+列标　　B．字母+数字　　C．列标+行号　　D．数字+字母

30．在单元格中输入公式时，编辑栏上的√按钮表示（　　）操作。

A．确认　　B．取消　　C．拼写检查　　D．函数向导

31．在 Excel 中，需要返回一组参数的最大值，则应该使用（　　）函数。

A．MAX　　B．MIN　　C．COUNT　　D．SUM

32．Excel 文字处理时，强行换行的方法是在需要换行的位置按快捷键（　　）。

A．Ctrl+Enter　　B．Ctrl+Tab　　C．Alt+Tab　　D．Alt+Enter

33．Excel 工作表的名称框的作用是显示（　　）。

A．活动单元格的名称　　B．活动单元格的内容

C．工作表的名称　　D．工作簿的名称

34．在 Excel 中打开文档 ABC.xlsx，修改后另存为 CBA.xlsx，则文档 ABC（　　）。

A．被文档 CBA 覆盖　　B．被修改未关闭

C．被修改并关闭　　D．未修改被关闭

35．在 Excel 工作表中，按（　　）键可使单元格 A1 成为活动单元格。

A．Ctrl+Home　　B．Shift+Home　　C．Home　　D．Ctrl+End

36．在使用“套用表格格式”来改变数据清单外观时，应使用“开始”选项卡下的（　　）。

A．“字体”组　　B．“单元格”组　　C．“样式”组　　D．“编辑”组

37．在 Excel 工作表中，某单元格区域包括 6 个单元格：A1、A2、B1、B2、C1、C2。下列表示单元格区域的写法中错误的是（　　）。

A．A1:C2　　B．A2:C2　　C．C2:A1　　D．C1:A2

38．在 Excel 工作表中，先后单击 A2、B3、C4 单元格，则有（　　）个单元格被选定。

A．1　　B．2　　C．3　　D．不确定

39．在 Excel 工作表中，下列是单元格绝对引用地址的是（　　）。

A．B4　　B．&B&4　　C．$B4　　D．$B$4

40．在 Excel 工作表中，某单元格区域的表示使用了(A2:D3)，那么这个区域所包含的单元格分别是（　　）。

A．A2、D3　　B．A2、A3、D2、D3

C．A1、A2、A3、D1、D2、D3　　D．A2、A3、B2、B3、C2、C3、D2、D3

41．在 Excel 2010 中创建的工作簿，若想在 Excel 2003 中使用，则应存为（　　）。

A．Excel 模板　　B．Excel 工作簿

C．Excel 97-2003 工作簿　　D．Excel 二进制工作簿

42．在 Excel 工作簿中，选择“开始”选项卡→“单元格”组→“插入”下拉按钮→“插入工作表”，每次可以插入（　　）个工作表。

A．1　　B．2　　C．3　　D．4

43．在 Excel 中，一个工作表最多可包含的行数是（　　）。

A．1048576　　B．16384　　C．65536　　D．1048575

44．在 Excel 工作表中，下列操作中不能为表格设置边框的是（　　）。

A．“开始”选项卡→“对齐方式”组→对话框启动器

B．“页面布局”选项卡→“页面设置”组→对话框启动器

C．“开始”选项卡→“字体”组→对话框启动器

D．“开始”选项卡→“字体”组→“边框”下拉列表

45．在 Excel 工作簿中，若要切换工作表，可以单击工作表标签上的工作表名，也可按 Ctrl+PgUp 快捷键或（　　）键切换。

A．PgUp　　B．PgDn　　C．Ctrl+Home　　D．Ctrl+PgDn

46．区分不同工作表的单元格，要在单元格名称前面增加（　　）。

A．工作表名称！　　B．工作簿名称！

C．单元格名称　　D．[工作表名称]

47．下列关于行高的叙述中，错误的是（　　）。

A．利用“设置单元格格式”对话框可以调整行高

B．使用鼠标拖动法可以调整行高

C．行高是可以改变的

D．选择“开始”选项卡→“单元格”组→“格式”下拉列表可以改变行高

48．在 Excel 的某单元格中输入公式="A"&"B"，按 Enter 键后，单元格内将出现（　　）。

A．="A"&"B"　　B．"A"&"B"　　C．AB　　D．"AB"

49．Excel 工作表的 A1 单元格内容为=B$3，将其复制到 C2 后，公式变为（　　）。

A．=D$3　　B．=B$3　　C．=D$2　　D．=B$3

50．在 Excel 工作簿窗口中，“开始”选项卡下没有（　　）组。

A．字体　　B．单元格　　C．剪贴板　　D．图表

51．为了区别“数字文本”与“数字”，Excel 要求在输入数字文本前添加一个（　　）符号来区别。

A．@　　B．'　　C．&　　D．#

52．在 Excel 工作表中，在单元格中输入（　　）后，该单元格显示为 0.8。

A．8/10　　B．"8/10"　　C．="8/10"　　D．=8/10

53．在工作表中，单元格 A1 的值为 10，单元格 A2 的值为 8，选中 A1:A2 单元格区域，拖动该区域的填充柄至 A5，则单元格 A5 的值为（　　）。

A．1　　B．2　　C．4　　D．6

54．某单元格区域是用(A3:A5,C3:D5)表示的，该区域的单元格数为（　　）。

A．15　　B．6　　C．16　　D．9

55．在 Excel 工作表中，下列（　　）是混合引用地址。

A．A7　　B．$B$3　　C．$E8　　D．G4

56．假设 A2、B2、C2、D2 单元格中的数据分别为 8、6、4、2，则 SUM(A2:C2)/D2 为（　　）。

A．16　　B．6　　C．9　　D．4

57．在 Excel 工作表中，正确的 Excel 公式形式是（　　）。

A．=D3*Sheet!A2　　B．=D3*Sheet3$A2

C．=D3”Sheet:A2　　D．=D3*Sheet3%A2

58．下列（　　）函数是对指定区域 C2:C8 求和。

A．SUM(C2:C8)　　B．AVERAGE(C2:C8)

C．MAX(C2:C8)　　D．MIN(C2:C8)

59．在 Excel 中，筛选后的清单仅显示包含了某一特定值或符合一组条件的行，而其他行（　　）。

A．暂时被隐藏起来　　B．被删除

C．被改变　　D．被暂时放到剪贴板中，以便恢复

60．下列（　　）运算符不是 Excel 的引用运算符。

A．冒号（:）　　B．&　　C．空格　　D．逗号（,）

61．图表工作表的工作表名称约定为（　　）。

A．xls　　B．图表　　C．Sheet　　D．Chart

62．在 Excel 工作簿中，创建的图表默认为（　　）。

A．图表工作表　　B．独立图表　　C．嵌入式图表　　D．移动图表

63．Excel 中的单元格地址是指（　　）。

A．每一个单元格　　B．每一个单元格的大小

C．单元格所在的工作表　　D．单元格在工作表中的位置

64．在 Excel 工作表中，若想选定不连续的区域，应先按住（　　）键，然后拖动鼠标选定。

A．Alt　　B．Shift　　C．Tab　　D．Ctrl

65．在 Excel 工作表中，若想为数据清单创建图表，应选择（　　）中的选项。

A．“开始”选项卡→“插图”组　　B．“插入”选项卡→“插图”组

C．“插入”选项卡→“图表”组　　D．“开始”选项卡→“图表”组

66．在 Excel 的某单元格中输入公式=10+27 后，按 Enter 键，单元格内将出现（　　）。

A．=10+27　　B．10+27　　C．=37　　D．37

67．在 Excel 工作簿中，一个工作表中共有（　　）个单元格。

A．65536×16384　　B．16384×256

C．无穷个　　D．1048576×16384

68．在 Excel 工作表中，进行排序操作时，排序依据不可以是（　　）。

A．字号　　B．字体颜色　　C．数值　　D．单元格颜色

69．在 Excel 的某个单元格内输入日期时，年月日分隔符可以是（　　）。

A．“/”或“-”　　B．“.”或“/”　　C．“/”或“\”　　D．“\”或“-”

70．在 Excel 的某个单元格中输入文字，若要文字能自动换行，可利用“设置单元格格式”对话框的（　　）选项卡，勾选“自动换行”项。

A．数字　　B．对齐　　C．图案　　D．保护

71．不属于 Excel 视图方式的是（　　）。

A．普通　　B．分页预览　　C．草稿　　D．页面布局

72．在 Excel 中，以下有关工作表中数据输入的叙述，正确的是（　　）。

A．所有的公式必须以=开头

B．所有的文本输入项在单元格中必须为左对齐

C．所有日期均以文字形式输入在单元格中

D．所有数值在单元格中必须为右对齐

73．Excel 工作表中，如果某单元格的内容以=开头，则说明该单元格的内容是（　　）。

A．常数　　B．提示信息　　C．公式　　D．函数

74．在 Excel 中，利用填充柄可以将数据有规律地填写到相邻单元格中，若选定含有数值的上下相邻的两个单元格，然后向下拖动填充柄，则数据将以（　　）填充。

A．上单元格数值　　B．等比序列　　C．等差序列　　D．下单元格数值

75．在 Excel 中，若想在活动单元格中输入当前日期，可以（　　）。

A．同时按 Ctrl 键和;键　　B．同时按 Alt 键和;键

C．同时按 Ctrl+Shift 键和;键　　D．同时按 Alt+Shift 键和;键

76．下列关于 Excel 中区域的叙述不正确的是（　　）。

A．B3:E6 表示 B3～E6 之间所有单元格构成的区域

B．可以用鼠标拖动的方法选定多个单元格

C．不相邻的单元格不能组成一个区域

D．(A1:B2,C4:E6)表示 A1～E6 之间的所有单元格构成的区域

77．下列功能中，Excel 不具有（　　）的功能。

A．分析数据　　B．制作幻灯片　　C．建立图表　　D．制作与编辑表格

78．在 Excel 工作表中，输入到单元格中的文本型数据，默认的对齐方式为（　　）。

A．居中　　B．右对齐　　C．左对齐　　D．两端对齐

79．在 Excel 工作表中，输入到单元格中的日期型数据，默认的对齐方式为（　　）。

A．居中　　B．右对齐　　C．左对齐　　D．两端对齐

80．在 Excel 工作表中，把 A1、B1 等称作单元格（　　），它们代表单元格的名称。

A．地址　　B．编号　　C．内容　　D．代号

81．用来存储并处理数据的 Excel 文件称为（　　）。

A．单元格　　B．工作表　　C．工作簿　　D．工作区

82．在 Excel 工作表中，输入到单元格中的数值型数据，默认的对齐方式为（　　）。

A．居中　　B．右对齐　　C．左对齐　　D．两端对齐

83．在 Excel 工作表中，每个单元格都有其固定的地址，如 B6 表示（　　）。

A．B 代表 B 列，6 代表第 6 行　　B．B 代表 B 行，6 代表第 6 列

C．B6 代表单元格的数据　　D．B6 代表单元格的宽度

84．在 Excel 中，下列说法不正确的是（　　）。

A．若要删除一行，先选定该行，再按 Delete 键

B．按 F4 键，可重复使用前一条命令

C．模板是一个高级的预先形成的文件，可以用来帮助创建用户自己的文件

D．活动单元格是周围有黑色加粗矩形框的单元格

85．在 Excel 工作表中，如图 2-4-3 所示的学生基本信息已经输入完毕，表格标题文字“11 计本学生基本情况表”在单元格 A1 中，下列操作中可以把标题文字设置为如图 2-4-4 所示的效果（标题文字位于 A1 至 F1 中间）的是（　　）。

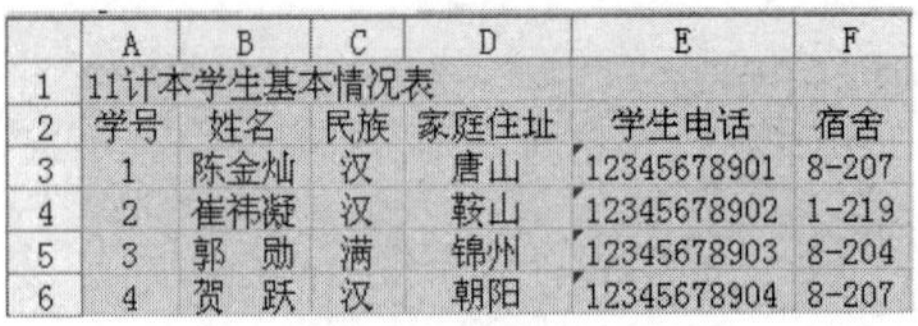

	A	B	C	D	E	F
1	11计本学生基本情况表					
2	学号	姓名	民族	家庭住址	学生电话	宿舍
3	1	陈金灿	汉	唐山	12345678901	8-207
4	2	崔祎凝	汉	鞍山	12345678902	1-219
5	3	郭　勋	满	锦州	12345678903	8-204
6	4	贺　跃	汉	朝阳	12345678904	8-207

图 2-4-3　标题文本未居中

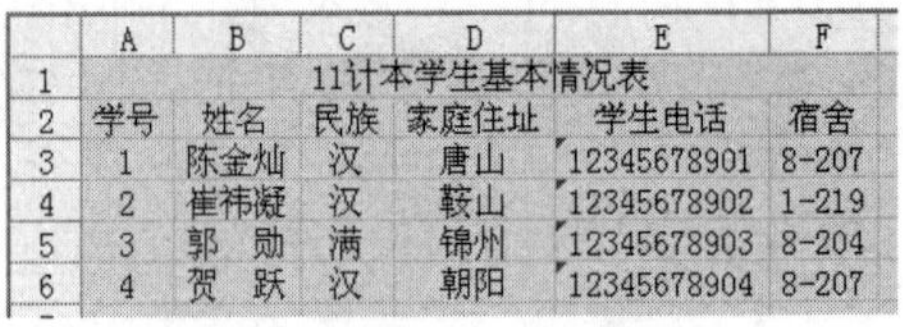

	A	B	C	D	E	F
1	11计本学生基本情况表					
2	学号	姓名	民族	家庭住址	学生电话	宿舍
3	1	陈金灿	汉	唐山	12345678901	8-207
4	2	崔祎凝	汉	鞍山	12345678902	1-219
5	3	郭　勋	满	锦州	12345678903	8-204
6	4	贺　跃	汉	朝阳	12345678904	8-207

图 2-4-4　标题文本居中

A．观察 A1 至 F1 区域的居中位置为单元格 D1，然后拖动标题文字至 D1 中

B．选定单元格 A1，单击“对齐方式”组中的“居中”按钮

C．选定单元格 A1，单击“对齐方式”组中的“合并后居中”按钮

D．选定 A1 至 F1 区域，单击“对齐方式”组中的“合并后居中”按钮

86．Excel 工作表中的活动单元格是指（　　）。

A．可以随意移动的单元格

B．随其他单元格的变化而变化的单元格

C．已经改动了的单元格

D．正在操作的单元格

87．若要选定区域 A2:B5 和 D3:F6，应（　　）。

A．用鼠标从 A2 拖动到 B5，然后用鼠标从 D3 拖动到 F6

B．用鼠标从 A2 拖动到 B5，然后按住 Ctrl 键，再用鼠标从 D3 拖动到 F6

C．用鼠标从 A2 拖动到 B5，然后按住 Alt 键，再用鼠标从 D3 拖动到 F6

D．用鼠标从 A2 拖动到 B5，然后按住 Shift 键，再用鼠标从 D3 拖动到 F6

88．下列关于 Excel 表格区域的选定方法不正确的是（　　）。

A．按住 Shift 键，再单击可以选定相邻单元格区域

B．按住 Ctrl 键，再单击可以选定不相邻的单元格

C．按 Ctrl+C 快捷键可以选定整个工作表

D．单击某一列标可以选定整列

89．在 Excel 工作表中，若删除单元格中对图表有链接的数据时，则图表中将（　　）。

A．自动删除相应的数据点　　B．必须手工编辑删除相应的数据点

C．不会发生变化　　D．不允许单元格的删除操作

90．单击“字体”组中的“字体颜色”按钮A，可以改变（　　）的颜色。

A．活动单元格的背景　　B．活动单元格内的文字

C．活动单元格的边框　　D．以上都不正确

91．在 Excel 中，关于“删除”和“清除”的叙述正确的是（　　）。

A．“删除”是将选定区域的数据连同单元格一起从工作表中删除；“清除”则仅清除选定区域中的数据或格式，而仍保留单元格本身

B．按 Delete 键的功能相当于“删除”命令

C．删除的内容不可以恢复，清除的内容可以恢复

D．删除和清除均不移动单元格本身，但删除操作将原单元格清空，而清除操作将原单元格中的内容变为 0

92．在 Excel 工作表中，若想将单元格内的 900 显示为 900.00，则应将该单元格的数字格式设置为（　　），可通过“设置单元格格式”对话框的“数字”选项卡设置。

A．常规　　B．数值　　C．自定义　　D．特殊

93．在 Excel 单元格中输入公式时，输入的第一个符号应是（　　）。

A．=　　B．+　　C．&　　D．#

94．Excel 中的乘方运算符用（　　）表示。

A．*　　B．**　　C．^　　D．\

95．往单元格中输入公式时，Excel 编辑栏中的 f_x 表示（　　）。

A．取消　　B．输入　　C．插入函数　　D．拼写检查

96．设 A3 单元格的内容为 10，B3 单元格的内容为 15，在 C3 单元格中输入=B3-A3，按 Enter 键后，C3 单元格的内容是（　　）。

A．5　　B．-5　　C．=B3-A3　　D．#######

97．假定 B1 单元格为空，在相邻的 A1 单元格中输入字符串时，若字符串长度超过 A1 单元格的显示宽度，则在默认方式下字符串的超出部分将（　　）。

A．被截断删除　　B．作为另一个字符串存入 B1 中

C．显示####　　D．继续超格显示

98．想在单元格中输入数值 1/2，应（　　）。

A．直接输入 1/2　　B．输入'1/2

C．输入空格和 0 后输入 1/2　　D．输入 0 和空格后输入 1/2

99．在 Excel 工作表中，使用“高级筛选”命令对数据清单进行筛选时，在条件区的同行中输入两个条件，表示（　　）关系。

A．或　　B．与　　C．非　　D．异或

100．下列 Excel 公式中，正确的是（　　）。

A．8+SUM(A1:D4)　　B．8-AVERAGE(A2,B3,C4)

C．=COUNT(50:7)　　D．=MAX(B3,B2,C5)

101．下列（　　）的方法最能简单、快速地定位单元格 R70，使之成为活动单元格。

A．拖动滚动滑块，浏览、查找 R70 单元格

B．在名称框中输入 R70，然后按 Enter 键

C．在“编辑”组中选择“查找”，查找 R70

D．在“编辑”组中选择“定位”

102．Excel 工作簿的最小组成单位是（　　）。

A．工作表　　B．单元格　　C．字符　　D．行

103．在 Excel 工作表中，（　　）被称为填充柄。

A．活动单元格边框的右下方的一个黑点

B．活动单元格四周的边框

C．活动单元格右侧的单元格

D．鼠标指向活动单元格时的鼠标指针

104．在 Excel 工作表中，下列方法中不能改变行高的是（　　）。

A．选择“开始”选项卡→“单元格”组→“格式”列表

B．按住 Alt 键再按 Enter 键

C．直接在单元格中按 Enter 键

D．拖动单元格所在的行号下边的分隔线

105．下列关于 Excel 中数据输入的叙述不正确的是（　　）。

A．鼠标指向初始值所在单元格的填充柄时，鼠标指针变为+形状时，拖动填充柄进行填充，拖动到最后一个单元格时松开，可完成自动填充

B．当输入的值为文字和数字的混合时，填充时文字不变，最右边的数字递增变化

C．在输入等差、等比等有规律的数据时，可使用填充功能而不需要一个个输入

D．数据的填充可以在不连续的区域进行

106．下列关于 Excel 的操作，正确的是（　　）。

A．利用拖动填充柄的方法可以填充数据和复制公式到任意的单元格或区域中

B．重命名工作表时，先单击工作表标签，再输入新的工作表名，按 Enter 键确定

C．选择“视图”选项卡→“窗口”组→“冻结窗格”→“冻结首行”命令可以使标题行始终显示在窗口中

D．在一列数据中，单击任意一个单元格，再单击“降序”按钮 Z↓A，可以对数据从小到大排列

107．在 Excel 工作簿窗口的底部，（　　）显示出当前工作簿中的工作表名。

A．状态栏　　B．编辑栏

C．工作表标签　　D．菜单栏

108．在 Excel 工作表中，如果单元格 A1 的内容为“星期一”，那么向下拖动填充柄到 A4，则 A4 中应为（　　）。

A．星期一　　B．星期二　　C．星期三　　D．星期四

109．在 Excel 中，函数 SUM(B1:B4)等价于（　　）。

A．SUM(B1*B4)　　B．SUM(B1+B4)

C．SUM(B1,B2,B3,B4)　　D．SUM(B1/B4)

110．要在 Excel 公式中使用某个单元格的数据时，应在公式中输入该单元格的（　　）。

A．格式　　B．内容　　C．条件格式　　D．地址

二、多项选择题

1．在 Excel 工作簿中，下列（　　）的方法可以对工作表重新命名。

A．右击工作表标签

B．双击工作表标签

C．单击工作表标签，然后选择“文件”选项卡→“另存为”

D．单击工作表标签，然后选择“开始”选项卡→“编辑”组→“替换”

2．在 Excel 中，利用填充柄的自动填充功能可以直接快速输入的序列有（　　）。

A．星期一、星期二、星期三、星期四……

B．一班、二班、三班、四班……

C．第一季、第二季、第三季、第四季……

D．甲、乙、丙、丁……

3．在 Excel 工作表中，关于高级筛选，下列（　　）的叙述是正确的。

A．高级筛选前，必须先在工作表中选择筛选范围

B．高级筛选，不但要有数据区，还要建立条件区

C．高级筛选可以将筛选结果复制到其他区域内

D．高级筛选只能将筛选结果放在原有区域内

4．在 Excel 中，下列叙述正确的有（　　）。

A．工作表其实就是一个文件，可以按名存取

B．在单元格中，可以输入数值、日期和公式

C．往单元格里输入公式时，所有用到的函数前都要加等号

D．编辑栏可以显示当前活动单元格中的内容

5．在 Excel 工作表中，下列（　　）的说法是正确的。

A．使用 Delete 键可以删除活动单元格内的文字

B．使用 Delete 键不能删除活动单元格内的公式

C．使用 Delete 键不能删除活动单元格内设置的颜色

D．使用 Delete 键能删除活动单元格的格式

6．在 Excel 工作表中建立函数的方法有（　　）。

A．直接在单元格中输入函数

B．单击“编辑”组中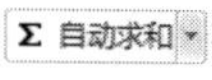

按钮右侧的下拉按钮，从函数列表中选择所需的函数

C．直接在编辑栏中输入函数

D．利用“公式”选项卡下的“函数库”组

7. Excel 中数据透视表的数据来源有（　　）。

A. Excel 数据清单或数据库　　B. 外部数据库

C. 多重合并计算数据区域　　D. 查询条件

E. 高级筛选

8. 在 Excel 中，下列叙述正确的是（　　）。

A. 可以对整行或整列的单元格进行隐藏

B. 按快捷键 Ctrl+S 可以保存工作簿文件

C. 按快捷键 Shift+F12 可以保存工作簿文件

D. 对单元格进行的“删除”和“清除”操作，其功能是相同的

E. 可以复制或移动工作表，但不可以对工作表重命名

9. 在 Excel 中，单元格地址的引用方式有（　　）。

A. 绝对引用　　B. 相对引用　　C. 混合引用　　D. 间接引用

10. 在 Excel 工作表中，下列（　　）的操作可以改变列宽。

A. 选择“开始”选项卡→“单元格”组→“格式”→“列宽”

B. 选择“开始”选项卡→“单元格”组→“格式”→“自动调整列宽”

C. 使用鼠标拖动列标旁的分隔线调整列宽

D. 选择“开始”选项卡→“单元格”组→“格式”→“默认列宽”

11. Excel 工作表中为表格设置边框，可以利用（　　）。

A.“开始”选项卡→“字体”组→对话框启动器→“设置单元格格式”对话框

B. 使用“字体”组“边框”下拉列表

C. 利用“字体”组的“填充颜色”按钮

D. 右击选定的区域→“设置单元格格式”

12. 关于 Excel 的基本概念，正确的有（　　）。

A. 工作表是处理和存储数据的基本工作单位，由若干行和列组成

B. 工作簿是 Excel 处理并存储工作数据的文件，但工作簿不能存储图片

C. 单元格是工作表中行与列的交叉部分，是工作表的最小单位

D. Excel 中的数据库属于网状模型数据库

13. 要绘制 Excel 图表，可以（　　）。

A. 利用“插入”选项卡下的“图表”组

B. 利用“插入”选项卡下的“表格”组

C. 利用“插入”选项卡下的“插图”组

D. 利用 F11 键

14. 在 Excel 页面设置中，可以设置（　　）。

A. 打印区域　　B. 缩放比例　　C. 页眉和页脚　　D. 工作表边框线

15. 在 Excel 中清除一行内容的方法有（　　）。

A. 选定该行，再按 Delete 键

B. 用鼠标拖动行号下方的分隔线，将该行隐藏

C. 用鼠标拖动选定区域，然后按 Backspace 键

D. 选定要清除的区域，选择“开始”选项卡→“编辑”组→“清除”→“清除全部”

三、判断题

1. 在 Excel 中，对数据清单进行分类汇总前，必须对汇总清单进行排序操作。（　）

2.“对齐方式”组中的按钮表示“合并后居中”。（　）

3. 在 Excel 中区域地址以冒号分隔。（　）

4. 假设 A4 内容为文字 4，A6 内容为数值 8，则 COUNT(A4:A6)的值为 3。（　）

5. 在 Excel 编辑栏旁有名称框、“输入”按钮、“取消”按钮、“插入函数”按钮。（　）

6. 绝对地址被复制到其他单元格时，其单元格地址不变。（　）

7. 在 Excel 中，当修改工作表数据时，图表不会被更新。（　）

8. 在 Excel 中，运算符&表示数值型数据的无符号相加。（　）

9. 若在单元格中出现一连串的#####符号，则需要调整单元格的宽度。（　）

10. 在 Excel 中，函数的输入只能采用手工输入方法。（　）

11. 在 Excel 中，自动求和可通过 SUM 函数实现。（　）

12. Excel 工作表中，每个单元格都有其固定的地址，如 B5 表示 B 行 5 列。（　）

13. 在 Excel 中，不能删除单元格，但单元格的内容可以删除。（　）

14. 被删除的工作表可以用快速访问工具栏中的“撤消”按钮恢复。（　）

15. 在 Excel 中，若用户在单元格中输入 2/3，即表示数值三分之二。（　）

16.“清除”是去掉单元格中的格式，而“删除”是删除单元格中的内容。（　）

17. 在 Excel 中，图表的大小和类型可以改变。（　）

18. 单击某单元格，则该单元格被激活。（　）

19. 分类汇总是按一个字段进行分类汇总，而数据透视表中的数据则适合按多个字段进行分类汇总。（　）

20. Excel 的功能区不可以最小化。（　）

21. 选择“插入”选项卡→“符号”组→“公式”，可以向单元格中输入公式。（　）

22. 填充的方向只有向上填充和向下填充，不可以左右填充。（　）

23. 向单元格输入公式并确认后，该单元格显示的是数据，故该单元格中存储的是数据而非公式。（　）

24. 在 Excel 中，若要删除工作表，可右击工作表标签，选择“删除”。（　）

25. 在 Excel 中，可以为图表加上标题。（　）

26. 在 Excel 中，调整行高后，单元格内字符的字号随之改变。（　）

27. Excel 工作表的移动操作既可在同一工作簿内进行，也可跨工作簿进行。（　）

28. 在 Excel 中，可以建立数值序列、文本序列或日期序列。（　）

29. 在 Excel 中使用公式的主要目的是为了节省内存。（　）

30. Excel 只能对数值型数据进行排序，不能对日期型数据排序。（　）

习题 5　PowerPoint 2010 的使用

一、单项选择题

1．在 PowerPoint 中，下列（　　）的说法是错误的。

A．要向幻灯片中添加文字，就必须从幻灯片母版视图切换到幻灯片普通视图

B．在幻灯片母版中设置的标题和文本格式，不会影响到其他幻灯片

C．幻灯片母版主要强调的是文本的格式

D．幻灯片主要强调的是幻灯片的内容

2．单击状态栏右侧的“放大”按钮可以调整幻灯片的（　　）。

A．放映比例　　B．实际大小　　C．显示比例　　D．长宽比例

3．在 PowerPoint 中，“打开”演示文稿的快捷键是（　　）。

A．Ctrl+H　　B．Ctrl+O　　C．Ctrl+S　　D．Ctrl+N

4．在有 100 张幻灯片的演示文稿中，如果想让同一张图片出现在所有幻灯片中，且图片的大小、放置的位置一致，最简单的一种方法是（　　）。

A．把这张图片复制到幻灯片母版中，调整好图片的大小和位置，操作一次即可

B．把这张图片复制到每张幻灯片中，这需要多达 100 次的复制操作

C．在幻灯片浏览视图下，按 Ctrl+A 快捷键选定全部幻灯片，然后进行复制操作，操作一次即可

D．没有办法实现

5．如果想对幻灯片中的某段文字或某图片添加动画效果，可以使用“动画”选项卡“高级动画”组中的（　　）按钮。

A．添加动画　　B．自定义动画

C．动画窗格　　D．动作按钮

6．在幻灯片浏览视图下，下列（　　）的说法是错误的。

A．单击某个幻灯片，将其选定之后拖动到其他幻灯片之后，可实现幻灯片的移动

B．按住 Ctrl 键，多次单击多个不连续的幻灯片，可实现不连续幻灯片的选定

C．若想选定连续多个幻灯片，可以先单击第一张幻灯片，然后按下 Shift 键，再单击最后一张幻灯片，

D．不能用 Ctrl+A 快捷键选定所有幻灯片

7．在 PowerPoint 中，不可以在“字体”对话框中进行的设置是（　　）。

A．文字颜色　　B．文字对齐方式

C．文字大小　　D．文字字体

8．在 PowerPoint 中，不可以在“设置背景格式”对话框中对幻灯片进行（　　）填充。

A．纯色　　B．渐变　　C．纹理填充　　D．序列

9．在 PowerPoint 的幻灯片母版中，不可以进行的操作是（　　）。

A．设置标题和文本的样式　　B．设置自定义动画

C．设置超链接　　D．设置幻灯片版式

10．添加到幻灯片中的各个对象，按添加的先后顺序自动层叠在各自的层次中，有时上层对象会遮盖住下层对象的一部分，如果层叠中的某个对象被完全遮挡，可以按（　　）快捷键向后循环显示，直到该对象呈现选定状态。

A．Shift+Tab　　B．Shift+End　　C．Shift+PgDn　　D．Shift+Home

11．在 PowerPoint 普通视图下的大纲窗格中，有“大纲”和“幻灯片”两个选项卡，关于“大纲”选项卡下的显示模式，下列（　　）的说法是错误的。

A．只由每张幻灯片的标题和正文组成

B．是组织和创建演示文稿文本内容的理想方式

C．不可更改每张幻灯片的标题和正文

D．幻灯片的标题都出现在编号和图标的右边，正文则在标题的下方

12．在幻灯片中加入表格，可以使用“插入”选项卡下的（　　）组。

A．图像　　B．插图　　C．表格　　D．文本

13．下列关于 PowerPoint 的说法中，（　　）是错误的。

A．看到图标为的文件，就知道它是一个用 PowerPoint 编辑的演示文稿

B．双击扩展名为.ppsx 的文件，可以启动 PowerPoint 并直接放映幻灯片

C．对幻灯片中的对象可以设置进入、强调、退出、动作路径的动画效果

D．在幻灯片中可以加入文字、声音、视频、动画等多种媒体信息

14．在大纲窗格的“大纲”选项卡下，按（　　）快捷键可以展开所有幻灯片标题下的文本。

A．Alt+Shift+↑　　B．Alt+Shift+1

C．Alt+Shift+减号　　D．Alt+Shift+A

15．在大纲窗格的“大纲”选项卡下，按（　　）快捷键可以折叠所有幻灯片标题下的文本。

A．Alt+Shift+↑　　B．Alt+Shift+1　　C．Alt+Shift+减号　　D．Alt+Shift+A

16．“幻灯片放映时，让放映者可以根据需要选择放映顺序”，设计这样功能的演示文稿可以用（　　）实现。

A．设置“幻灯片切换”的效果　　B．设置“超链接”的功能

C．隐藏幻灯片　　D．设置“自定义动画”的效果

17．使用（　　）功能将播放器和演示文稿收集到同一文件夹内，在另一台计算机上放映演示文稿时，无需安装 PowerPoint，只需解包，即可放映。

A．打包　　B．内容提示　　C．邮件合并　　D．模板

18．PowerPoint 中，（　　）不是文本框内的文本对齐方式。

A．左对齐　　B．居中对齐　　C．右对齐　　D．水平对齐

19．PowerPoint 是一种（　　）软件。

A．文字处理　　B．数据库　　C．电子表格　　D．演示文稿制作

20．PowerPoint 提供了几种视图，方便用户进行操作，分别是普通视图、幻灯片浏览视图、阅读视图和（　　）。

A．幻灯片放映视图　　B．图片视图

C．文字视图　　D．一般视图

21．下列操作中，（　　）不是退出 PowerPoint 的操作。

A．选择“文件”选项卡→“退出”

B．单击 PowerPoint 应用程序窗口的“关闭”按钮

C．选择“文件”选项卡→“关闭”

D．双击 PowerPoint 应用程序窗口左上角的控制菜单图标

22．PowerPoint 演示文稿的扩展名默认为（　　）。

A．.docx　　B．.xlsx　　C．.pptx　　D．.ppsx

23．下面关于 PowerPoint 动画的说法中，不正确的是（　　）。

A．幻灯片中的动画顺序是按添加顺序确定的，设置了动画后，顺序就不能改变了

B．对已设置的动画效果，可以使用动画窗格中的和按钮调整动画顺序

C．在动画窗格中，选定某个动画效果，上下拖动，可以调整动画顺序

D．对设置了动画效果的两个文本框进行组合后，动画效果没有了

24．在一个演示文稿中选定了一张幻灯片，按 Delete 键，则（　　）。

A．这张幻灯片被删除，且不能恢复

B．这张幻灯片被删除，但能恢复

C．这张幻灯片被删除，但可以利用“回收站”恢复

D．这张幻灯片被移到“回收站”内

25．下列关于复制幻灯片的叙述，错误的是（　　）。

A．选择“剪贴板”组“复制”和“粘贴”命令可复制幻灯片

B．按 Ctrl+M 快捷键，在所选幻灯片之后插入一张新的幻灯片

C．按住 Ctrl 键拖动幻灯片可将幻灯片副本拖至需要的位置

D．选择“开始”选项卡→“幻灯片”组→“新建幻灯片”下拉按钮→“重用幻灯片”，不能复制其他文稿中的幻灯片。

26．下列有关幻灯片的叙述错误的是（　　）。

A．幻灯片是演示文稿的基本组成单元

B．可以向幻灯片中插入图片、文字和视频

C．可以在幻灯片中设置各种超链接

D．可以在幻灯片中设置动画效果，但不能向幻灯片中插入声音

27．在 PowerPoint 中打开了一个名为 zr1.pptx 的文件，并对当前文件以 zr2.pptx 为文件名进行“另存为”操作，则（　　）。

A．当前文件是 zr1.pptx

B．当前文件是 zr2.pptx

C．当前文件是 zr1.pptx 和 zr2.pptx

D．zr1.ppxt 和 zr2.pptx 均被关闭

28．下列（　　）不属于 PowerPoint 的视图。

A．大纲视图　　B．普通视图

C．幻灯片浏览视图　　D．幻灯片放映视图

29．通过打开演示文稿窗口上的标尺，可设置文本或段落的缩进，打开标尺的正确操作是：在普通视图下（　　）。

A．选择“插入”选项卡→“显示”组→“标尺”

B．选择“视图”选项卡→“显示比例”组→“标尺”

C．选择“插入”选项卡→“显示比例”组→“标尺”

D．选择“视图”选项卡→“显示”组→“标尺”

30．PowerPoint 中的幻灯片母版是（　　）。

A．用户定义的第一张幻灯片，以供其他幻灯片调用

B．统一文稿各种格式的特殊幻灯片

C．用户自行设计的幻灯片模板

D．幻灯片模板的总称

31．为了使每张幻灯片中出现完全相同的对象（如图片、文字、动画），应该（　　）。

A．在幻灯片浏览视图中修改　　B．修改幻灯片母版

C．在幻灯片放映视图中修改　　D．在普通视图中修改

32．PowerPoint 在不同的位置提供预设的编辑对象，这些对象用虚线方框标识，并且方框内有提示性文字，这些方框被称为（　　）。

A．文本框　　B．图形　　C．占位符　　D．单元格

33．修改幻灯片的尺寸，可执行（　　）命令。

A．“文件”选项卡→“打印”→“页面设置”

B．“视图”选项卡→“母版视图”组→“幻灯片母版”

C．“视图”选项卡→“显示比例”组

D．“设计”选项卡→“页面设置”组→“页面设置”

34．设计制作幻灯片母版的命令位于“视图”选项卡下的（　　）组中。

A．幻灯片放映　　B．母版视图　　C．视图　　D．演示文稿视图

35．在 PowerPoint 窗口中，如果同时打开两个 PowerPoint 演示文稿，会出现（　　）的情况。

A．同时打开两个文稿

B．打开第一个时，第二个被关闭

C．当打开第一个时，第二个无法打开

D．执行非法操作，PowerPoint 将被关闭

36．在 PowerPoint 中新建演示文稿，并已应用了“Office 主题”设计模板，当在演示文稿中插入一张新幻灯片时，新幻灯片的模板将（　　）。

A．采用默认设计模板　　B．采用已选择的“Office 主题”设计模板

C．随机选择任意一个设计模板　　D．用户指定另外设计模板

37．（　　）不是 PowerPoint 所提供的母版。

A．讲义母版　　B．备注母版　　C．幻灯片母版　　D．大纲母版

38．若要使某一张幻灯片与其母版不同（　　）。

A．是不可能的　　B．可设置该幻灯片不使用母版

C．可直接修改该幻灯片　　D．可重新设置母版

39. 要在每张幻灯片上添加一个页码，应该在（　　）中进行操作。

A. “页眉和页脚”对话框　　B. 幻灯片母版的页脚区

C. 幻灯片母版的日期区　　D. 幻灯片母版的数字区

40. 下列关于 PowerPoint 模板的叙述中，（　　）是错误的。

A. 将某种设计模板应用到演示文稿中，模板的母版和配色方案直接取代原演示文稿的母版和配色方案

B. 模板是包含了特定配色方案以及各种预定义格式的演示文稿模式

C. 在演示文稿中应用了一种设计模板后，其配色方案不能修改

D. 在演示文稿中可以应用多种设计模板，这些被应用的设计模板可以在幻灯片母版中看到

41. 在 PowerPoint 的某张幻灯上，依次插入三个对象（矩形、椭圆、笑脸），叠放次序如图 2-5-1 左图所示，下列（　　）的操作可以调整为如图 2-5-1 右图所示的叠放次序。

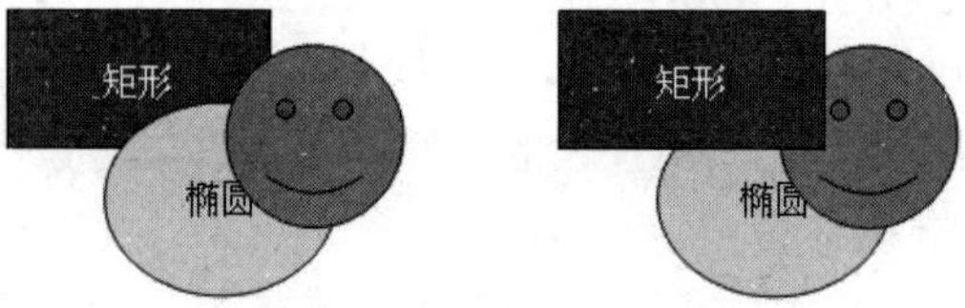

图 2-5-1　叠放次序示例

A. 选定矩形，右击，在快捷菜单中选择“置于底层”→“置于底层”

B. 选定矩形，右击，在快捷菜单中选择“置于顶层”→“置于顶层”

C. 选定笑脸，右击，在快捷菜单中选择“置于底层”→“下移一层”

D. 选定笑脸，右击，在快捷菜单中选择“置于底层”→“置于底层”

42. 制作 PowerPoint 演示文稿时，有时根据需要不改变幻灯片制作过程的排列顺序，又想调整放映顺序，可以在（　　）对话框中进行设置。

A. 自定义动画　　B. 排练计时

C. 自定义放映　　D. 设置放映方式

43. 在 PowerPoint 的“设置放映方式”对话框中，选择（　　）放映类型，演示文稿将以窗口形式放映。

A. 观众自行浏览　　B. 演讲者放映

C. 在展台浏览　　D. 自定义放映

44. 在 PowerPoint 中，选择“设计”选项卡→“主题”组→“颜色”下拉按钮，选择所需的主题颜色，（　　）。

A. 只能应用于幻灯片背景

B. 既能应用于所选定的幻灯片，也能应用于所有幻灯片

C. 只能应用于当前幻灯片

D. 只能应用于所有幻灯片

45. 当在交易会进行广告片的放映时，应该选择（　　）放映类型。

A. 演讲者放映　　B. 观众自行浏览

C. 在展台浏览　　D. 需要时单击某键

46. 在 PowerPoint 中打开了一个演示文稿，对文稿做了修改，并进行了“关闭”操作以后（　　）。

A. 文稿被关闭，并自动保存修改后的内容

B. 文稿不能关闭，并提示出错

C. 文稿被关闭，修改后的内容不能保存

D. 弹出对话框，询问是否保存对文稿的修改

47. 在 PowerPoint 中提供了模板文件，其扩展名是（　　）。

A. .pps　　B. .pwz　　C. .pptx　　D. .potx

48. 在 PowerPoint 中，下列关于自定义动画的说法错误的是（　　）。

A. 对已设置了动画效果的对象进行复制操作后，动画效果跟随对象一并被复制

B. 已设置的动画效果，可以更改，也可以删除

C. 一个对象只可以设置一种动画效果

D. 同一幻灯片中的多个动画效果可以调整出场顺序

49. PowerPoint 可以保存为多种文件格式，下列（　　）文件格式不属于此类。

A. .pptx　　B. .ppt　　C. .psd　　D. .bmp

50. 在幻灯片放映过程中，如果要从第二张幻灯片跳转到第八张幻灯片，应使用（　　）。

A. 超链接　　B. 自定义动画　　C. 幻灯片切换　　D. 换片方式

51. 在 PowerPoint 幻灯片中插入的影片，不能设置（　　）。

A. 调整显示位置和大小　　B. 循环播放

C. 自动播放　　D. 删除背景

52. 在 PowerPoint 中要将多处同样的错误一次性更正，正确的方法是（　　）。

A. 只能逐字阅读查找，先删除错误文字再输入正确文字

B. 使用“替换”命令

C. 使用“撤消”与“恢复”命令

D. 使用“定位”命令

53. 在幻灯片中插入“表格”，不正确的操作是（　　）。

A. 选择“插入”选项卡→“表格”组→“表格”下拉按钮→拖动表格网格

B. 选择“插入”选项卡→“文本”组→“对象”→Microsoft Excel 工作表

C. 选择“插入”选项卡→“表格”组→“表格”下拉按钮→“插入表格”

D. 选择具有“表格”占位符的版式，单击该占位符

54. 当在幻灯片中插入声音后，幻灯片中会出现（　　）。

A. 喇叭标记🔊　　B. 链接按钮　　C. 链接说明　　D. 　段文字说明

55. 在 PowerPoint 中，若想设置幻灯片放映时的换页效果为“垂直百叶窗”，则应该选择（　　）选项卡→“切换到此幻灯片”组→切换效果库中的“百叶窗”。

A. 设计　　B. 切换　　C. 动画　　D. 开始

56. 幻灯片的主题颜色可以通过（　　）更改。

A. 背景　　B. 母版　　C. 格式　　D. 版式

57. 要使所制作的背景对所有幻灯片生效，应在“设置背景格式”对话框中选择（　　）。

A. 应用　　B. 取消　　C. 全部应用　　D. 预览

58．下列关于演示文稿中幻灯片的叙述，不正确的是（　　）。
A．一旦幻灯片选定了一种设计模板，就不可以改变该模板
B．不同幻灯片的设计模板可以不同
C．一张幻灯片只允许使用一种模板格式
D．不同幻灯片的主题颜色可以不同

59．修改项目符号的颜色或大小，可以通过（　　）对话框来实现。
A．定义新项目符号　　B．定义新编号格式
C．项目符号和编号　　D．编号

60．在“切换”选项卡下，允许设置幻灯片切换时的（　　）效果。
A．视觉　　B．听觉　　C．定时　　D．以上均可

61．在幻灯片放映过程中，要演示下一张幻灯片，不可以的操作是（　　）。
A．按 Backspace 键　　B．单击鼠标左键
C．按空格键　　D．按 Enter 键

62．在 PowerPoint 中刚刚不小心出现了错误操作，可以通过（　　）命令恢复。
A．打开　　B．撤消　　C．保存　　D．关闭

63．在 PowerPoint 幻灯片的“动作设置”对话框中设置的超链接对象不允许是（　　）。
A．下一张幻灯片　　B．一个应用程序
C．其他演示文稿　　D．幻灯片内的某个对象

64．在 PowerPoint 中，要修改设置了超链接的文字颜色，应通过（　　）进行操作。
A．“新建主题颜色”对话框　　B．“字体”对话框
C．“字体”组中的“字体颜色”按钮　　D．母版版式

65．幻灯片的换片方式有自动换片和手动换片，下列叙述中正确的是（　　）。
A．只允许在“单击鼠标时”和“设置自动换片时间”两种换片方式中选择一种
B．在“单击鼠标时”和“设置自动换片时间”两种换片方式中至少选择一个
C．可以同时选择“单击鼠标时”和“设置自动换片时间”两种换片方式
D．同时选择“单击鼠标时”和“设置自动换片时间”两种换片方式，但“单击鼠标时”方式不起作用

66．在 PowerPoint 中，可对母版进行编辑和修改的状态是（　　）。
A．普通视图　　B．备注页视图　　C．母版视图　　D．幻灯片浏览视图

67．在幻灯片放映过程中，要回到上一张幻灯片，不可以的操作是（　　）。
A．按 PgUp 键　　B．按 P 键
C．按 Backspace 键　　D．按空格键

68．要终止幻灯片放映，可使用（　　）键。
A．Ctrl+C　　B．Ctrl+PgDn　　C．Shift+End　　D．Esc

69．关于演示文稿的“打包”，以下解释错误的是（　　）。
A．演示文稿的打包是复制演示文稿
B．演示文稿打包后，可以在没有安装 PowerPoint 软件的计算机上放映
C．打包时可将与演示文稿相关的文件一起打包
D．演示文稿的打包，是将演示文稿及其相关文件压缩，使用时还需解包

70．如果放映方式设置为“在展台浏览”，则切换幻灯片的方法应该是（　　）。

A．设置自动换片时间　　B．单击鼠标左键

C．按空格键　　D．双击鼠标左键

71．PowerPoint 文件可以被保存为.pptx 或.ppsx 格式，下列关于这两种格式的说法正确的是（　　）。

A．.pptx 格式是经过编译的格式，可直接在 Windows 环境中运行

B．.ppsx 格式是经过编译的格式，可直接在 Windows 环境中运行

C．.ppsx 格式可不进入 PowerPoint 编辑环境直接放映，但需在计算机中安装 PowerPoint 软件

D．.pptx 格式可不进入 PowerPoint 编辑环境直接放映，但需在计算机中安装 PowerPoint 软件

72．在幻灯片放映时，如果使用画笔，下列（　　）的说法是错误的。

A．可以在画面上随意涂画

B．可以随时更换画笔的颜色

C．在幻灯片上所画的记号在退出幻灯片时都不能保留

D．在当前幻灯片上所画的记号，当再次返回该页时仍然存在

73．在 PowerPoint 中，必须通过“插入对象”对话框才能把（　　）加入演示文稿。

A．表格　　B．图表　　C．文本框　　D．Excel 工作表

74．在 PowerPoint 中，如果向幻灯片中插入一张图片，可以选择（　　）选项卡。

A．图片　　B．插入　　C．视图　　D．设计

75．在 PowerPoint 中提供了多种设计模板，可以运用“设计模板”创建演示文稿，这些模板预设了（　　）。

A．字体、花边和配色方案　　B．格式和配色方案

C．字体和配色方案　　D．格式和花边

76．如果要将幻灯片的方向改成纵向，可通过（　　）命令实现。

A．“文件”选项卡→“打印”→“页面设置”

B．“幻灯片放映”选项卡→“设置”组→“设置放映方式”

C．“设计”选项卡→“页面设置”组→“幻灯片方向”

D．“页面布局”选项卡→“页面设置”组→“纸张大小”

77．下列关于幻灯片放映的叙述中，（　　）是错误的。

A．幻灯片放映可以从头开始　　B．每次幻灯片放映都是系统随机放映的

C．可以有选择地自定义放映　　D．幻灯片放映可以从当前幻灯片开始

78．PowerPoint 不提供（　　）的打印。

A．幻灯片　　B．备注页　　C．讲义　　D．幻灯片母版

79．在 PowerPoint 中，使用快捷键（　　）可以插入一张新幻灯片。

A．Ctrl+P　　B．Ctrl+N　　C．Ctrl+M　　D．Ctrl+C

80．下列（　　）状态下，不能对幻灯片内的各个对象进行编辑，但可以对幻灯片进行移动、删除、添加、复制、设置切换效果等操作。

A．普通视图　　B．幻灯片浏览视图

C．幻灯片母版　　D．以上都可以

81．在 PowerPoint 的大纲窗格中，不可以（　　）。

A．插入幻灯片　　B．添加图片　　C．移动幻灯片　　D．删除幻灯片

82．要想在演示文稿中插入新幻灯片，下列操作正确的是（　　）。

A．单击快速访问工具栏中的“新建”按钮

B．选择“插入”选项卡→“幻灯片”组→“新建幻灯片”

C．按快捷键 Ctrl+N

D．选择“开始”选项卡→“幻灯片”组→“新建幻灯片”

83．在 PowerPoint 2010 中，允许在（　　）视图下新建及删除自定义版式。

A．幻灯片浏览　　B．幻灯片放映

C．普通　　D．幻灯片母版

84．在幻灯片浏览视图下，进行幻灯片的复制和粘贴操作，其结果是（　　）。

A．将复制的幻灯片粘贴到所有幻灯片的前面

B．将复制的幻灯片粘贴到所有幻灯片的后面

C．将复制的幻灯片粘贴到当前选定的幻灯片之前

D．将复制的幻灯片粘贴到当前选定的幻灯片之后

85．在 PowerPoint 中，利用“插入”选项卡下的（　　）组可以插入艺术字。

A．图像　　B．插图　　C．文本　　D．对象

86．进入 PowerPoint 以后，打开一个已有的演示文稿 ww.pptx，又单击快速访问工具栏上的“新建”按钮，则（　　）。

A．ww.pptx 被关闭

B．ww.pptx 和新建文稿均处于打开状态

C．“新建”操作失败

D．新建的演示文稿打开，但 ww.pptx 被强行关闭

87．在 PowerPoint 中，下列关于视频的说法中正确的是（　　）。

A．对插入到幻灯片中的视频，不能设置动画效果

B．对插入到幻灯片中的视频，可以设置超链接

C．在幻灯片中播放的视频文件，只能在播放完毕后才能停止

D．可以设置插入到幻灯片中的视频文件在幻灯片放映过程中自动播放，也可以设置为“单击时”播放

88．下列对于演示文稿的描述正确的是（　　）。

A．演示文稿中所有幻灯片的版式必须相同

B．使用模板可以为幻灯片设置统一的外观样式

C．可以在一个窗口中同时打开多个演示文稿

D．可以使用“文件”选项卡下的“新建”命令为演示文稿添加幻灯片

89．下列关于幻灯片放映的叙述，（　　）是不正确的。

A．按 F5 键，从第一张幻灯片开始放映

B．单击“幻灯片放映视图”按钮，可以从当前幻灯片开始放映

C．幻灯片的放映只能从第一张开始，不可以从指定的某一张开始

D．按快捷键 Shift+F5，从当前幻灯片开始放映

90．幻灯片中可以插入多个对象，多个对象可以组合成一个对象，下列关于组合的说法中，（　　）是错误的。

A．组合之后，可以再取消组合

B．图形、文本框、艺术字可以组合在一起

C．文本框与其他对象组合之后，文本框内的文字仍然可以编辑

D．图片与其他对象组合之后，图片的大小就固定不变了

二、多项选择题

1．建立一个新的演示文稿的方法有（　　）。

A．选择“文件”选项卡→“新建”

B．单击快速访问工具栏中的“新建”按钮

C．按快捷键 Ctrl+N

D．选择“插入”选项卡→“幻灯片”→“新建幻灯片”

2．退出 PowerPoint，下列方法中正确的有（　　）。

A．双击 PowerPoint 标题栏左端的控制菜单图标

B．按 Ctrl+Esc 快捷键进行退出操作

C．单击 PowerPoint 标题栏右端的“关闭”按钮

D．当 PowerPoint 为当前活动窗口时，按 Alt+F4 快捷键

E．当 PowerPoint 为当前活动窗口时，按 Ctrl+F4 快捷键

3．在 PowerPoint 中，可以向幻灯片中插入（　　）。

A．影片　　B．声音　　C．动画　　D．Excel 工作表

E．图片　　F．图形

4．在 PowerPoint 中，（　　）的操作可以启动帮助系统。

A．选择“文件”选项卡→“帮助”

B．按 F1 键

C．右击对象，并从快捷菜单中选择“帮助”项

D．单击功能区右上角的“帮助”按钮

E．按快捷键 Ctrl+F1

5．在 PowerPoint 中，（　　）可以选择“设计”选项卡下进行设置。

A．幻灯片背景　　B．幻灯片版式

C．幻灯片应用设计主题　　D．页面设置

E．自定义动画　　F．幻灯片方向

6．在 PowerPoint 中，为幻灯片中的对象设置动画效果的方法有（　　）。

A．选择“动画”选项卡“动画”组中的动画库

B．选择“动画”选项卡→“动画”组→“自定义动画”

C．选择“动画”选项卡→“高级动画”组→“添加动画”

D．选择“插入”选项卡→“插图”组→“形状”下拉按钮→“动作按钮”

7. 在 PowerPoint 中，要在幻灯片非占位符的空白处增加一段文本，其操作方法有（　　）。
   A. 选择“插入”选项卡→“插图”组→“形状”下拉按钮→“文本框”
   B. 选择“插入”选项卡→“插图”组→“形状”下拉按钮→“垂直文本框”
   C. 直接输入
   D. 选择“插入”选项卡→“文本”组→“文本框”
   E. 先单击目标位置，再输入文本
8. 在 PowerPoint 中，复制当前幻灯片到相邻位置，其方法有（　　）。
   A. 选定幻灯片，单击“剪贴板”组中的“复制”，再单击“剪贴板”组中的“粘贴”
   B. 右击，在快捷菜单中选择“复制幻灯片”
   C. 选定幻灯片，按 Ctrl+C 快捷键，再按 Ctrl+V 快捷键
   D. 在幻灯片浏览视图下，选定幻灯片，按 Ctrl+X 快捷键，再按 Ctrl+V 快捷键
   E. 在幻灯片浏览视图下，按住 Ctrl 键，拖动当前幻灯片，直到当前幻灯片旁出现一条竖线，释放鼠标左键
9. 在 PowerPoint 中，演示文稿的放映类型有（　　）。
   A. 在展台浏览（全屏幕）　　B. 演讲者放映（全屏幕）
   C. 观众自行浏览（窗口）　　D. 循环放映（窗口）
10. 在 PowerPoint 窗口中，“开始”选项卡下有（　　）组。
   A. 字体　　B. 段落　　C. 幻灯片　　D. 剪贴板
11. 在 PowerPoint 大纲窗格中的“大纲”选项卡下，下列叙述正确的是（　　）。
   A. 单击幻灯片图标，能使该幻灯片展开或折叠
   B. 双击幻灯片图标，能使该幻灯片展开或折叠
   C. 选定幻灯片中的某级文本，按 Shift+Tab 快捷键，可实现升级
   D. 选定幻灯片，按 Tab 键，可实现降级
12. 在 PowerPoint 中，母版视图有（　　）。
   A. 幻灯片母版　　B. 备注母版　　C. 讲义母版　　D. 标题母版
13. 要改变幻灯片在窗口中的显示比例，应（　　）。
   A. 右击幻灯片，选择“显示比例”
   B. 拖动状态栏右侧的“显示比例”滑块
   C. 单击状态栏右侧的“放大”按钮或“缩小”按钮
   D. 选择“视图”选项卡→“显示比例”组→“显示比例”
14. 下列方法中可以启动 PowerPoint 的是（　　）。
   A. 选择“开始”→“所有程序”→“Microsoft Office”→“Microsoft PowerPoint 2010”命令
   B. 双击桌面上的 PowerPoint 快捷方式图标
   C. 单击桌面上的 PowerPoint 快捷方式图标
   D. 双击任意一个 PowerPoint 演示文稿
15. 在 PowerPoint 幻灯片浏览视图下，移动幻灯片的方法有（　　）。
   A. 按 Shift 键拖动幻灯片到目标位置
   B. 选定幻灯片，单击“剪切”按钮，定位目标位置，再单击“粘贴”按钮
   C. 按住 Ctrl 键，拖动幻灯片到目标位置
   D. 拖动幻灯片到目标位置

三、判断题

1．普通视图的左窗格是“大纲窗格”。（　　）

2．幻灯片中不能设置页眉和页脚。（　　）

3．幻灯片中各个对象的大小和位置关系可以自定义。（　　）

4．设置幻灯片内各对象的动画时，对象出场或退场的声音只能从系统提供的各种声音效果中选择。（　　）

5．一张幻灯片中包含多个演示文稿。（　　）

6．在大纲窗格下，右击幻灯片→“删除幻灯片”命令，可以删除这张幻灯片。（　　）

7．应用设计模板选定以后，每张幻灯片的背景都相同，系统不具备改变其中某一张幻灯片背景的功能。（　　）

8．在幻灯片浏览视图下，可以改变幻灯片之间的切换效果。（　　）

9．演示文稿能在显示器屏幕上放映幻灯片，但无法输出到打印机。（　　）

10．通过“绘图工具”的“格式”选项卡→“排列”组→“旋转”列表，可以对选定的图形进行旋转操作。（　　）

11．幻灯片中的组织结构图不能设置动画。（　　）

12．在 PowerPoint 中，将演示文稿存盘时，保存后的文件默认扩展名为.ppsx。（　　）

13．当对演示文稿进行了排练计时后，放映时将按照排练时间自动放映，而无需人工干预。（　　）

14．在对两张幻灯片设置超链接时，必须先定义动作按钮。（　　）

15．给幻灯片打包时可以连同播放器一起打包。（　　）

16．双击窗口左上角的控制菜单图标 ，可以关闭演示文稿。（　　）

17．幻灯片的动画设置可以用动画样式或添加动画来实现。（　　）

18．在“动画窗格”中可以改变动画出场的次序。（　　）

19．幻灯片中的文本在插入以后就具有动画效果了。（　　）

20．在制作幻灯片时可以插入旁白。（　　）

21．PowerPoint 可以控制影片的出场次序。（　　）

22．当演示文稿以自动放映方式放映时，按 Esc 键可以中止放映。（　　）

23．在幻灯片浏览视图和普通视图下，都可以进行“幻灯片切换”和“添加动画”的设置。（　　）

24．在 PowerPoint 中，不能向幻灯片中插入其他文件的内容。（　　）

25．如果不进行设置，系统放映幻灯片时默认全部放映。（　　）

26．在幻灯片母版中可以设置超链接，但不能设置动画效果。（　　）

27．选择“视图”选项卡→“母版视图”组→“幻灯片母版”，可以打开幻灯片母版。（　　）

28．打包后的 PowerPoint 演示文稿只能在本机上放映，换到其他计算机上就不能正常放映了。（　　）

29．在 PowerPoint 中，不能插入特殊字符。（　　）

30．播放动画时就不能播放声音。（　　）

习题6　计算机网络及应用

一、单项选择题

1．从某网站下载一首歌曲，应用到Internet的（　　）协议。

A．SMTP　　B．Telnet　　C．HTTP　　D．FTP

2．物联网是一个基于（　　）的巨大的人、机、物互联互通的网络。

A．局域网　　B．互联网　　C．星型网　　D．树型网

3．下列（　　）是个人计算机接入Internet必备的设备。

A．网卡　　B．电话机　　C．调制解调器　　D．浏览器

4．在网络传输介质中，目前传输速率最高的是（　　）。

A．双绞线　　B．同轴电缆　　C．光纤　　D．电话线

5．"统一资源定位器"是与Web网站和Web网页密切相关的一个概念，其英文缩写是（　　）。

A．UPS　　B．USB　　C．ULR　　D．URL

6．计算机网络的主要功能是（　　）。

A．数据处理　　B．文献检索

C．资源共享和数据通信　　D．信息传输

7．下一代因特网NGI使用（　　）位的IPv6地址。

A．32　　B．64　　C．128　　D．256

8．用浏览器浏览网页时，网页上的HTML代码在（　　）得到解释并生成页面效果。

A．服务器端　　B．浏览器端　　C．显卡上　　D．显示器上

9．Telnet是Internet中的（　　）协议。

A．超文本传输　　B．邮件传输　　C．远程登录　　D．文件传输

10．下列传输介质中，（　　）属于无线传输介质。

A．微波　　B．光纤　　C．同轴电缆　　D．双绞线

11．OSI（开放式系统互联）参考模型的最底层是（　　）。

A．传输层　　B．网络层　　C．物理层　　D．应用层

12．在OSI七层模型中，（　　）负责路由选择。

A．网络层　　B．数据链路层　　C．传输层　　D．物理层

13．HTTP是Internet中的（　　）协议。

A．邮件传输　　B．文件传输　　C．超文本传输　　D．远程登录

14．下列（　　）不属于网络设备。

A．路由器　　B．交换机　　C．集线器　　D．夹线钳

15．Internet实现了分布在世界各地的各类网络的互联，其最基础和核心的协议是（　　）。

A．TCP/IP　　B．FTP　　C．SMTP　　D．HTTP

16．国际标准化组织（ISO）制定的开放式系统互联（OSI）参考模型有七个层次，最高层是（　　）。

A．表示层　　B．网络层　　C．应用层　　D．会话层

17. 下列不属于 Internet 应用的是（　　）。

A．E-mail　　B．FTP　　C．WWW　　D．LAN

18. 下列关于 TCP/IP 的说法中，不正确的是（　　）。

A．TCP 协议定义了如何对传输的信息进行处理

B．IP 协议专门负责按地址在计算机之间传递信息

C．TCP/IP 协议包括传输控制协议和网际协议

D．TCP/IP 是一种计算机语言

19. 接入 Internet 并且支持 FTP 协议的两台计算机，对于它们之间的文件传输，下列选项中（　　）是正确的。

A．只能传输文本文件　　B．只能传输有限的几种类型文件

C．所有文件均能传输　　D．不能传输声音文件

20. 文件传输协议的简称是（　　）。

A．FPT　　B．TFP　　C．TCP　　D．FTP

21. 调制解调器（Modem）的作用是（　　）。

A．打电话与上网两不误

B．将模拟信号转换成计算机的数字信号，以便接收

C．将计算机的数字信号转换成模拟信号，以便发送

D．将计算机的数字信号与模拟信号互相转换，以便传输

22. 下列 IPv4 地址中，正确的是（　　）。

A．124.23.19　　B．168.16.23.27

C．202.122.20.34.10　　D．282.9.1.12

23.（　　）是指收到某封电子邮件后，再将该邮件原封不动地发送给其他收信人。

A．回复邮件　　B．转发邮件　　C．收藏邮件　　D．发送新邮件

24. 网络协议的三要素是：语法、语义和（　　）。

A．工作原理　　B．同步　　C．时序　　D．传输服务

25. 在计算机网络中，通常把提供并管理共享资源的计算机称为（　　）。

A．服务器　　B．工作站　　C．网关　　D．网桥

26. 电子邮件使用（　　）协议。

A．SMTP　　B．FTP　　C．UDP　　D．Telnet

27. 下列行为中无助于计算机病毒防范的是（　　）。

A．尽量不要打开来历不明的电子邮件及附件

B．安装专业的杀毒软件，进行全面、实时的监控

C．迅速隔离受感染的计算机

D．尽量减少外部设备的使用，不常用的外部设备最好断开与主机的连接

28. 下列（　　）不属于 Internet 提供的服务。

A．电子邮件　　B．文件传输　　C．远程登录　　D．货物速递

29. 下列（　　）不属于 OSI 参考模型七个层次。

A．会话层　　B．数据链路层　　C．用户层　　D．应用层

30．某台计算机的 IP 地址为 192.168.3.10，该地址属于（　　）类 IP 地址。

A．A　　B．B　　C．C　　D．D

31．使用防火墙可以（　　）。

A．防止网络设备丢失　　B．防止对网络的非法访问，抵御网络攻击

C．防止网络失火　　D．防止网络服务器死机

32．顶级域名 gov 表示的机构所属类型为（　　）。

A．军事机构　　B．政府机构　　C．教育机构　　D．商业机构

33．在计算机网络中，（　　）部件的一端连接局域网中的计算机，另一端连接局域网中的传输介质。

A．双绞线　　B．网卡　　C．电话机　　D．交换机

34．从 www.rui.edu.cn 可以看出它是（　　）。

A．法国的一个政府组织的站点　　B．中国的一个军事部门的站点

C．加拿大的一个商业组织的站点　　D．中国的一个教育机构的站点

35．按照网络分布和覆盖的地理范围，可将计算机网络分为（　　）。

A．局域网、互联网和 Internet　　B．局域网、城域网和广域网

C．广域网、互联网和城域网　　D．Internet、城域网和 Novell 网

36．下列 4 个网络拓扑结构图中，（　　）属于星型结构。

A．

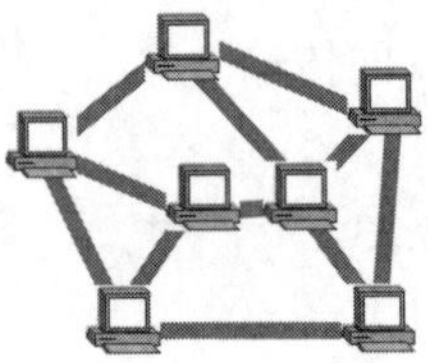

B．

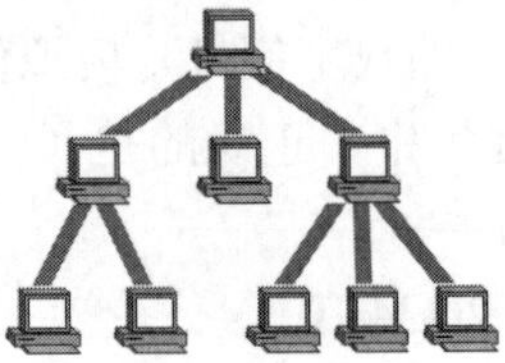

C．

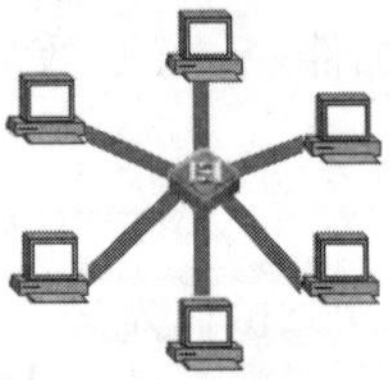

D．

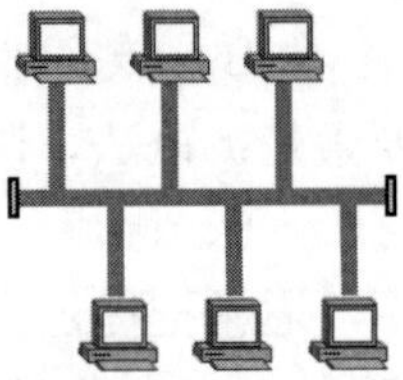

37．下列（　　）不能作为计算机网络的传输介质。

A．微波　　B．光纤　　C．光盘　　D．双绞线

38．在 Internet 主机域名中，com 代表（　　）。

A．教育机构站点　　B．商业机构站点

C．网络机构站点　　D．政府机构站点

39．顶级域名 mil 表示的机构所属类型为（　　）。

A．军事机构　　B．政府机构　　C．教育机构　　D．商业组织

40．下列（　　）不属于计算机病毒的特征。

A．潜伏性　　B．传染性　　C．破坏性　　D．免疫性

41．网卡工作于 OSI 参考模型的（　　）。

A．传输层　　B．物理层　　C．应用层　　D．网络层

42．关于计算机病毒传播途径和攻击对象，下列说法正确的是（　　）。

A．计算机病毒可以通过网络和移动存储设备传播

B．计算机病毒只能通过网络传播

C．计算机病毒不会攻击服务器，只攻击个人计算机

D．不打开陌生电子邮件，就不会感染计算机病毒

43．计算机网络系统由网络硬件和网络软件组成，下列（　　）不属于网络硬件。

A．网卡　　B．交换机

C．有线传输介质和无线传输介质　　D．协议

44．下列有关信息的描述不正确的是（　　）。

A．模拟信号能够直接被计算机处理

B．声音、文字、图像都是信息的载体

C．调制解调器能将模拟信号转换为数字信号

D．计算机以数字化的形式对各种信息进行处理

45．计算机网络技术包含计算机技术和（　　）两个主要技术。

A．微电子技术　　B．通信技术　　C．自动化技术　　D．数据处理技术

46．单击 IE 浏览器工具栏中的“刷新”按钮，下列说法正确的是（　　）。

A．可以更新当前显示的网页

B．可以终止当前显示的传输，返回空白页面

C．可以更新当前浏览器的设定

D．以上说法都不正确

47．浏览 Web 网站必须使用浏览器，Windows 7 操作系统中的浏览器是（　　）。

A．Hotmail　　B．Outlook

C．Internet Exchange　　D．Internet Explorer

48．在计算机网络中，表示数据传输可靠性的性能指标是（　　）。

A．传输率　　B．误码率　　C．信息容量　　D．带宽

49．小赵在www.163.com网站注册了163免费电子邮箱，用户名为zr，如果小王想向小赵发送电子邮件，则应使用下列邮件地址中的（　　）作为收件人。

A．zr@163.com　　B．zr@126.com　　C．zr • 163.com　　D．zr#163.com

50．对同一幢教学楼内各教室、办公室中的计算机进行连网，这种网络属于（　　）。

A．广域网　　B．局域网　　C．城域网　　D．Internet

51．路由器工作于 OSI 参考模型的（　　）。

A．数据链路层　　B．物理层　　C．传输层　　D．网络层

52．双绞线由两根绝缘金属线按螺旋状扭合而成，下列关于双绞线的叙述，不正确的是（　　）。

A．双绞线既可以传输模拟信号，也可以传输数字信号

B．双绞线安装方便，价格较低

C．双绞线不易受外部干扰，点到点的通信距离可达 1000 米

D．通常双绞线只用作建筑物内局域网的通信介质

53．Internet的拓扑结构是（　　）。

A．总线型结构　　B．网状结构　　C．星型结构　　D．环型结构

54．大数据时代，云计算技术已广泛应用于各类服务中，“云”实质上就是指（　　）。

A．数据　　B．信息　　C．互联网　　D．IT 人才

55．关于网络的特点，下列（　　）的叙述是错误的。

A．网络中的数据可以共享

B．网络中的外部设备可以共享

C．网络方便了信息的传递

D．网络中的所有计算机必须是同一品牌、同一型号

56．杀毒软件的作用是（　　）。

A．检查计算机是否感染病毒，清除已感染的任何病毒

B．杜绝病毒对计算机的侵害

C．检查计算机是否感染病毒，清除部分已感染的病毒

D．查出计算机已感染的任何病毒，清除部分已感染的病毒

57．下列关于主页的说法中，（　　）是正确的。

A．一个网站中比较重要的 Web 页面称为主页

B．传送电子邮件的界面称为主页

C．主页也称首页，是一个网站的第一个 Web 页

D．主页是下载文件的网页

58．IP 地址是 IP 协议提供的一种统一的地址格式，下列 IP 地址中，（　　）是正确的。

A．192,168,2,6　　B．192.168.2.6

C．192 168 2 6　　D．192;168;2;6

59．为了指导计算机网络的互联、互通和互操作，国际标准化组织（ISO）颁布了 OSI 参考模型，其基本结构分为（　　）。

A．7 层　　B．4 层　　C．3 层　　D．6 层

60．广域网和局域网是根据（　　）来划分的。

A．网络使用者　　B．信息交换方式

C．网络作用范围　　D．传输控制协议

61．下列关于电子邮件的叙述中，（　　）是正确的。

A．电子邮件的地址格式与域名相同　　B．电子邮件一次只能发给一个人

C．电子邮件不能没有主题　　D．电子邮件能传送多媒体文件

62．IP地址包括网络地址和主机地址，对于192.168.2.27，其网络地址为（　　）个字节。

A．4　　B．1　　C．2　　D．3

63．下列关于“超链接”的说法中，（　　）是正确的。

A．将约定的网络设备用网线连接起来

B．将指定的文件与当前文件合并

C．为收发电子邮件做好准备

D．单击链接，就会自动转向该链接所指向的目标位置

64．关于光纤，下列说法错误的是（　　）。

A．光纤的传输距离长　　B．光纤的安全保密性好

C．光纤的数据传输性能低于双绞线　　D．光纤的抗干扰能力强

65．发现计算机病毒后，下列方法可以彻底清除病毒的是（　　）。

A．删除磁盘上的所有文件　　B．用杀毒软件及时清理

C．用高温蒸气消毒　　D．对磁盘进行格式化

66．使用 IE 浏览器要将正在浏览的网页保存为网页文件，正确的操作是（　　）。

A．将网页添加到收藏夹

B．执行“文件”→“另存为”命令

C．建立书签

D．执行“文件”→“打印”命令

67．一个 IP 地址可以对应（　　）个域名。

A．无穷个　　B．1 个　　C．1 个以上　　D．不确定

68．为了唯一识别 Internet 中的任意一台计算机，规定给每一台连入网络的计算机分配一个由（　　）位二进制数字组成的 IPv4 地址。

A．8　　B．16　　C．32　　D．64

69．DNS服务器的作用是（　　）。

A．实现 IP 地址与域名地址之间的相互转换

B．接受用户的域名注册

C．确定域名与服务器的对应关系

D．解释 URL

70．为了使不同操作系统中的浏览器都能方便地访问网络中某个 Web 服务器上的文件，在 Web 服务器端采用一种专用的超文本标记语言（　　）来组织要发布的信息。

A．Java　　B．HTML　　C．SQL　　D．VB

71．计算机网络按照拓扑结构分为（　　）。

A．公用计算机网络和专用计算机网络

B．局域网、城域网、广域网

C．广播式网络和点到点网络

D．总线型、星型、环型、树型、网状

72．使用 IE 浏览器打开某网站主页后，不能实现（　　）操作。

A．收藏网址　　B．浏览网页　　C．修改网页　　D．下载图片

73．网络服务器是指（　　）。

A．具有通信功能的高档计算机

B．带有大容量硬盘的计算机

C．为网络提供资源，并对这些资源进行管理的计算机

D．64 位总线结构的高档计算机

74．下列（　　）不是常用的搜索引擎网址。

A．http://www.baidu.com　　B．http://www.google.com

C．http://yahoo.com　　D．http://www.edu.cn

75．下列地址中（　　）是域名。

A．beijing/railway/institute/china　　B．www.sina.com.cn

C．203.165.3.2　　D．wangwang@163.com

76．下列关于网页的叙述中，（　　）是正确的。

A．网站的主页可以保存，但其他页面不能保存

B．网页上的文字复制后只能用 Word 编辑，不能用“写字板”编辑

C．网页上的图片可以保存到硬盘上

D．以上说法都不对

77．TCP/IP 体系结构中的传输层对应于 OSI 参考模型中的（　　）。

A．会话层　　B．传输层　　C．表示层　　D．应用层

78．局域网的英文缩写为（　　）。

A．WAN　　B．MAN　　C．TAN　　D．LAN

79．在电子邮件地址 wangwang@163.com 中，用户名是（　　）。

A．wangwang　　B．@163.com　　C．163　　D．163.com

80．Internet 之所以采用域名地址，是因为（　　）。

A．一台主机必须用域名地址标识

B．一台主机必须用 IP 地址和域名地址共同标识

C．IP 地址不能唯一标识一台主机

D．IP 地址不便于记忆

二、多项选择题

1．下列关于计算机病毒的叙述中，正确的有（　　）。

A．计算机病毒是人为编制的、可在计算机上运行的程序

B．计算机病毒具有寄生于其他程序或文档的特点

C．感染过病毒的计算机具有对该病毒的免疫性

D．计算机病毒不会危害计算机用户的健康

E．只有计算机病毒发作时才能检查出来并加以清除

F．计算机病毒具有潜伏性，仅在一些特定的条件下才发作

2．下列关于电子邮件的叙述中，（　　）是正确的。

A．在一个电子邮件中可以发送文字、图像、语言等信息

B．发送电子邮件时，通信双方必须都在线

C．电子邮件可以同时发送给多人

D．电子邮件比人工邮件传送迅速、可靠、范围更广

3．计算机病毒具有许多特征，下列（　　）属于计算机病毒的特征。

A．寄生性　　B．破坏性　　C．免疫性　　D．潜伏性

E．隐蔽性　　F．传染性

4．在局域网中，可用作有线传输介质的有（　　）。

A．微波　　B．双绞线　　C．光纤　　D．红外线

5．在 Internet 所提供的多方面服务中，下列（　　）是正确的。

A．电子邮件　　B．万维网

C．远程登录　　D．文件传输

6. 在电子邮件地址中，必须有（　　）。

A. 电子邮箱的主机域名　　B. 用户口令

C. 用户名　　D. ISP 的电子邮箱地址

7. 基于 IPv6 的下一代因特网，相比 IPv4 因特网具有（　　）的特点。

A. 速率更高　　B. 地址足够多　　C. 安全性强　　D. 无需网卡接入

8. 关于 IP 地址及域名，下列说法错误的是（　　）。

A. IP 地址是一串数字，不便于记忆，所以产生了域名，但域名中不可以出现数字

B. 一个域名可以对应多个 IP 地址

C. 若要访问一台主机，可以按这台主机的 IP 地址访问，也可以使用域名访问

D. 域名解析就是由 DNS 服务器向客户机分配临时 IP 地址的过程

E. 计算机网络中的 IP 地址不能相同，但域名可以相同

9. 计算机网络协议由（　　）三要素组成。

A. 语法　　B. 语义　　C. 变换规则　　D. 时序

10. 下列各类型的文件，（　　）可以在 Internet 中传输。

A. 声音　　B. 图像　　C. 动画　　D. 文本

11. 关于国际标准化组织（ISO）制定的开放式系统互联（OSI）参考模型，下列说法正确的有（　　）。

A. TCP/IP 体系结构与 OSI 参考模型 7 层相对应，但简化了层次模型，只有 4 层

B. 具有路由选择功能的路由器工作于 OSI 参考模型的网络层

C. 当今 Internet 应用的是 OSI 参考模型，而非 TCP/IP 体系结构

D. OSI 参考模型自下而上分别是物理层、数据链路层、网络层、传输层、会话层、表示层、应用层

12. 下列与网络有关的说法中，正确的有（　　）。

A. 因特网可提供电子邮件的功能

B. IP 地址分成三类

C. 当一台个人计算机接入网络后，其他主机均可访问这台计算机

D. 在家上网注册的电子邮箱，可以在任何地方上网登录并收发电子邮件

E. Internet 的网络拓扑结构属于网状结构

13. 想把当前打开的网页中的一段文字下载到 aa.txt 文档中，在下列操作中，能够成功下载的有（　　）。

A. 选定文字，执行“编辑”→“复制”命令，定位 aa.txt 文档插入点，按 Ctrl+V 快捷键

B. 选定文字，右击，选择“复制”命令，定位 aa.txt 文档插入点，按 Ctrl+V 快捷键

C. 选定文字，按 Ctrl+X 快捷键，定位 aa.txt 文档插入点，按 Ctrl+C 快捷键

D. 选定文字，按 Ctrl+C 快捷键，定位 aa.txt 文档插入点，按 Ctrl+V 快捷键

14. 下列关于黑客的说法中，错误的有（　　）。

A. 黑客是通过网络非法进入他人系统，危害信息安全的计算机入侵者

B. 只要及时更新操作系统，就可以防止黑客的攻击

C. 设置很难猜的密码可以抵挡黑客的入侵，就高枕无忧了

D. 黑客就是木马程序

15．下列关于 E-mail 附件的说法中，正确的有（　　）。

A．附件只能是文本文件　　B．附件不可以是视频文件

C．附件不是 E-mail 中必须的选项　　D．附件文件大小不受限制

三、判断题

1．在计算机网络中使用防火墙就可以防止计算机病毒了。（　　）

2．Outlook 是用于网页浏览和电子邮件收发的管理软件。（　　）

3．协议是计算机网络中通信双方必须共同遵守的规则或约定。（　　）

4．某些软件公司发布“补丁”程序就是计算机病毒。（　　）

5．未经授权通过计算机网络获取某公司的经济情报是一种违法的行为。（　　）

6．若在计算机运行时发现病毒，应立即重新启动计算机并格式化硬盘。（　　）

7．在内部网与因特网之间加防火墙，即设置了一个禁止非法数据进入的屏障，从而保护内部网，阻止黑客入侵。（　　）

8．网页既可以浏览，也可以下载到本地硬盘中，并且网页中的图片、动画、文本、视频等信息可以单独下载。（　　）

9．计算机网络，是指将地理位置不同的具有独立功能的多台计算机及其外部设备，通过通信线路连接起来，在网络操作系统、网络管理软件及网络通信协议的管理和协调下，实现资源共享和信息传递的计算机系统。（　　）

10．网络操作系统是一种提供网络通信和网络资源共享功能的操作系统。（　　）

11．黑客就是设计出计算机病毒程序的人。（　　）

12．局域网比广域网的数据传输率高，误码率也高。（　　）

13．个人计算机无须经过 ISP（互联网服务提供商）即可连入 Internet。（　　）

14．用户的电子邮箱地址就是该用户的 IP 地址。（　　）

15．计算机病毒只破坏磁盘上的文件和数据。（　　）

16．计算机网络已成为当今计算机病毒最主要、最常见的传播媒介。（　　）

17．调制解调器用于对信号进行整形和放大。（　　）

18．路由器是组建局域网时必不可少的网络设备。（　　）

19．TCP/IP 是 Internet（因特网）上最基本的通信协议。（　　）

20．局域网是一种在小区域内使用的网络，其英文缩写为 MAN。（　　）

21．计算机网络按通信介质划分，有高速网、中速网和低速网。（　　）

22．zch@163.com 是一个电子邮箱地址。（　　）

23．光纤成本高，适合于距离近、保密性强、容量小的网络环境。（　　）

24．用杀毒软件可以清除所有的计算机病毒。（　　）

25．网络拓扑结构是按计算机分布的地域范围而划分的一种网络结构。（　　）

26．一般情况下，校园网属于局域网。（　　）

27．个人计算机只要插入网卡通过电话线就可以连网了。（　　）

28．从域名到 IP 地址或者从 IP 地址到域名的转换由 DNS 服务器完成。（　　）

29．局域网由 PC 和网线组成。（　　）

30．网络传输介质中，速度由快到慢依次是同轴电缆、光纤、双绞线。（　　）

31．计算机病毒也是一种程序，它在某些条件下激活，起干扰破坏作用，并能传染到其他程序中。 （ ）

32．Internet 中 WWW 的功能是远程登录。 （ ）

33．造成计算机不能正常工作的原因若不是硬件故障就一定是计算机病毒。 （ ）

34．计算机网络具有数据通信、资源共享的功能。 （ ）

35．计算机病毒具有寄生性、破坏性、传染性、潜伏性和隐蔽性的特点。 （ ）

36．计算机病毒是一种自然衍生的特殊程序，没有任何人为因素。 （ ）

37．交换机是网络中负责路由选择的设备。 （ ）

38．TCP/IP 体系结构由下而上分别为网络接口层、网络层、传输层、应用层。 （ ）

39．www.zr.gov.cn 是一个域名。 （ ）

40．192.280.5.6 是一个合法的 IP 地址。 （ ）

习题 1 参考答案

一、单项选择题

1．A	2．A	3．B	4．C	5．C	6．B	7．C	8．A	9．D	10．B
11．D	12．C	13．B	14．A	15．C	16．D	17．B	18．A	19．C	20．C
21．B	22．C	23．D	24．C	25．B	26．D	27．C	28．D	29．B	30．B
31．B	32．B	33．D	34．A	35．D	36．C	37．D	38．B	39．C	40．D
41．D	42．A	43．A	44．A	45．C	46．D	47．D	48．B	49．C	50．B
51．C	52．D	53．C	54．D	55．B	56．C	57．D	58．B	59．D	60．D
61．B	62．D	63．C	64．C	65．B	66．B	67．C	68．D	69．C	70．B
71．A	72．D	73．C	74．B	75．C	76．A	77．C	78．B	79．A	80．C
81．B	82．C	83．C	84．C	85．B	86．C	87．A	88．D	89．A	90．D
91．C	92．B	93．D	94．C	95．B	96．C	97．D	98．C	99．A	100．D
101．D	102．C	103．D	104．B	105．D	106．C	107．A	108．C	109．B	110．C

二、多项选择题

1．ABC	2．AB	3．AC	4．BDF	5．ACD
6．BCDF	7．ACE	8．ABDE	9．ABCDE	10．ABCDEF
11．ABCD	12．AB	13．DE	14．ABE	15．ABC

三、判断题

1．×	2．√	3．×	4．√	5．√	6．×	7．×	8．×	9．√	10．×
11．√	12．√	13．√	14．×	15．√	16．×	17．×	18．√	19．×	20．×
21．√	22．√	23．×	24．×	25．√	26．√	27．√	28．√	29．×	30．√
31．×	32．√	33．√	34．×	35．√	36．×	37．√	38．√	39．√	40．×

习题 2 参考答案

一、单项选择题

1. C	2. A	3. B	4. B	5. A	6. A	7. D	8. B	9. A	10. A
11. C	12. D	13. C	14. D	15. A	16. B	17. A	18. C	19. A	20. A
21. B	22. B	23. C	24. D	25. B	26. A	27. D	28. C	29. D	30. D
31. A	32. C	33. D	34. B	35. B	36. D	37. C	38. D	39. A	40. A
41. A	42. B	43. D	44. B	45. A	46. C	47. D	48. A	49. B	50. D
51. D	52. C	53. A	54. C	55. D	56. B	57. C	58. B	59. B	60. B
61. D	62. A	63. B	64. B	65. C	66. D	67. A	68. B	69. A	70. C
71. A	72. C	73. D	74. C	75. B	76. B	77. D	78. C	79. B	80. B

二、多项选择题

1. ABCD	2. BCDEF	3. ADE	4. ACD	5. ACD
6. AB	7. ABDE	8. ABCDE	9. ACDE	10. BCDE
11. AB	12. BE	13. ACE	14. BF	15. ABD

三、判断题

1. √	2. √	3. √	4. √	5. ×	6. √	7. ×	8. ×	9. ×	10. ×
11. √	12. √	13. √	14. √	15. √	16. ×	17. ×	18. ×	19. ×	20. ×
21. ×	22. √	23. ×	24. ×	25. ×	26. √	27. √	28. ×	29. √	30. √
31. ×	32. √	33. ×	34. √	35. √	36. ×	37. √	38. ×	39. √	40. √

习题 3 参考答案

一、单项选择题

1. C	2. B	3. A	4. D	5. B	6. C	7. D	8. B	9. D	10. C
11. C	12. A	13. A	14. B	15. B	16. B	17. A	18. A	19. A	20. A
21. B	22. B	23. B	24. B	25. C	26. D	27. D	28. C	29. A	30. A
31. B	32. C	33. C	34. A	35. A	36. B	37. C	38. C	39. A	40. D
41. C	42. C	43. D	44. C	45. B	46. B	47. C	48. A	49. B	50. D
51. C	52. B	53. B	54. C	55. C	56. B	57. D	58. B	59. C	60. C
61. A	62. D	63. B	64. D	65. A	66. C	67. B	68. C	69. C	70. A
71. D	72. D	73. D	74. B	75. D	76. D	77. B	78. D	79. C	80. A
81. D	82. C	83. A	84. C	85. C	86. A	87. D	88. D	89. A	90. A
91. D	92. C	93. D	94. C	95. D	96. D	97. B	98. B	99. B	100. B

101．C 102．C 103．C 104．D 105．B 106．D 107．A 108．A 109．C 110．B
111．B 112．A 113．A 114．D 115．C 116．D 117．C 118．C 119．A 120．C

二、多项选择题

1．ACD 2．ABCEF 3．ABCDE 4．ABF 5．ABCF
6．AD 7．AD 8．ACD 9．ABCDEF 10．ACE
11．ABCD 12．ABC 13．ABD 14．ABD 15．BD

三、判断题

1．× 2．√ 3．√ 4．√ 5．× 6．× 7．√ 8．√ 9．√ 10．√
11．√ 12．√ 13．√ 14．× 15．√ 16．√ 17．√ 18．√ 19．√ 20．×
21．× 22．√ 23．√ 24．√ 25．× 26．√ 27．√ 28．× 29．× 30．√
31．× 32．× 33．√ 34．× 35．× 36．√ 37．× 38．√ 39．× 40．×

习题4参考答案

一、单项选择题

1．B 2．A 3．C 4．A 5．A 6．D 7．A 8．B 9．C 10．A
11．C 12．A 13．A 14．B 15．B 16．A 17．C 18．D 19．A 20．B
21．D 22．A 23．D 24．C 25．A 26．B 27．B 28．C 29．C 30．A
31．A 32．D 33．A 34．D 35．A 36．C 37．B 38．A 39．D 40．D
41．C 42．A 43．A 44．B 45．D 46．A 47．A 48．C 49．A 50．D
51．B 52．D 53．B 54．D 55．C 56．C 57．A 58．A 59．A 60．B
61．D 62．C 63．D 64．D 65．C 66．D 67．D 68．A 69．A 70．B
71．C 72．A 73．C 74．C 75．A 76．D 77．B 78．C 79．B 80．A
81．C 82．B 83．A 84．A 85．D 86．D 87．B 88．C 89．A 90．B
91．A 92．B 93．A 94．C 95．C 96．A 97．D 98．D 99．B 100．D
101．B 102．B 103．A 104．C 105．D 106．C 107．C 108．D 109．C 110．D

二、多项选择题

1．AB 2．ACD 3．BC 4．BD 5．AC
6．ABCD 7．ABC 8．ABC 9．ABC 10．ABCD
11．ABD 12．AC 13．AD 14．ABC 15．AD

三、判断题

1．√ 2．√ 3．√ 4．× 5．√ 6．√ 7．× 8．× 9．√ 10．×
11．√ 12．× 13．× 14．× 15．× 16．× 17．√ 18．√ 19．√ 20．×
21．× 22．× 23．× 24．√ 25．√ 26．× 27．√ 28．√ 29．× 30．×

习题 5 参考答案

一、单项选择题

1. B	2. C	3. B	4. A	5. A	6. D	7. B	8. D	9. D	10. A
11. C	12. C	13. A	14. D	15. B	16. B	17. A	18. D	19. D	20. A
21. C	22. C	23. A	24. B	25. D	26. D	27. B	28. A	29. D	30. B
31. B	32. C	33. D	34. B	35. A	36. B	37. D	38. C	39. A	40. C
41. B	42. C	43. A	44. B	45. C	46. D	47. D	48. C	49. C	50. A
51. D	52. B	53. B	54. A	55. B	56. B	57. C	58. A	59. C	60. D
61. A	62. B	63. D	64. A	65. C	66. C	67. D	68. D	69. A	70. A
71. C	72. C	73. D	74. B	75. B	76. C	77. B	78. D	79. C	80. B
81. B	82. D	83. D	84. D	85. C	86. B	87. D	88. B	89. C	90. D

二、多项选择题

1. ABC	2. ACD	3. ABCDEF	4. ABD	5. ACDF
6. AC	7. ABD	8. ABCE	9. ABC	10. ABCD
11. BCD	12. ABC	13. BCD	14. ABD	15. BD

三、判断题

1. √	2. ×	3. √	4. ×	5. ×	6. √	7. ×	8. √	9. ×	10. √
11. ×	12. ×	13. √	14. ×	15. √	16. √	17. √	18. √	19. ×	20. √
21. √	22. √	23. ×	24. ×	25. √	26. ×	27. √	28. ×	29. ×	30. ×

习题 6 参考答案

一、单项选择题

1. D	2. B	3. A	4. C	5. D	6. C	7. C	8. B	9. C	10. A
11. C	12. A	13. C	14. D	15. A	16. C	17. D	18. D	19. C	20. D
21. D	22. B	23. B	24. C	25. A	26. A	27. D	28. D	29. C	30. C
31. B	32. B	33. B	34. D	35. B	36. C	37. C	38. B	39. A	40. D
41. B	42. B	43. D	44. A	45. B	46. A	47. D	48. B	49. A	50. B
51. D	52. C	53. B	54. C	55. D	56. C	57. C	58. B	59. A	60. C
61. D	62. D	63. D	64. C	65. D	66. B	67. C	68. C	69. A	70. B
71. D	72. C	73. C	74. D	75. B	76. C	77. B	78. D	79. A	80. D

二、多项选择题

1．ABDF	2．ACD	3．ABDEF	4．BC	5．ABCD
6．AC	7．ABC	8．ABDE	9．ABD	10．ABCD
11．ABD	12．ADE	13．ABD	14．BCD	15．CD

三、判断题

1．×	2．×	3．√	4．×	5．√	6．×	7．√	8．√	9．√	10．√
11．×	12．×	13．×	14．×	15．×	16．√	17．×	18．×	19．√	20．×
21．×	22．√	23．×	24．×	25．×	26．√	27．×	28．√	29．×	30．×
31．√	32．×	33．×	34．√	35．√	36．×	37．×	38．√	39．√	40．×

第 3 部分　模拟考试篇

一级模拟试卷 1

（考试时间 90 分钟，满分 100 分）

一、单项选择题（每小题 1 分，共 20 分）

1．世界上第一台电子数字计算机 ENIAC 是（　　）年在美国问世的。
A．1945　B．1947　C．1946　D．1951

2．第三代计算机的主要元件是（　　）。
A．电子管　B．中小规模集成电路
C．大规模及超大规模集成电路　D．晶体管

3．英文 CAM 的含义是（　　）。
A．计算机辅助设计　B．计算机辅助制造
C．计算机集成制造系统　D．计算机辅助教学

4．用计算机管理科技情报资料，是计算机在（　　）的应用。
A．科学计算　B．数据处理　C．过程控制　D．人工智能

5．计算机语言的发展过程，依次是机器语言、（　　）和高级语言。
A．C 语言　B．中级语言　C．汇编语言　D．编译语言

6．汉字机内码与国标码的关系是（　　）。
A．机内码＝国标码+8080H　B．国标码＝机内码+8080H
C．机内码＝国标码+2020H　D．国标码＝机内码+2020H

7．计算机病毒是可以造成机器故障的（　　）。
A．一种计算机设备　B．一种计算机芯片
C．一种计算机程序　D．一种计算机部件

8．计算机系统包括（　　）两大部分。
A．主机和外设　B．输入和输出设备
C．系统软件和应用软件　D．硬件系统和软件系统

9．一台完整的计算机硬件系统由（　　）、存储器、输入设备和输出设备组成。
A．中央处理器　B．软盘　C．光盘　D．键盘

10．影响磁盘存储容量的因素是（　　）。
A．磁盘面数　B．磁道数目　C．扇区数目　D．以上都是

11．Cache 的含义是（　　）。
A．高速缓冲存储器　B．虚拟存储器
C．只读存储器　D．随机存储器

12．CPU 直接访问的存储器是（　　）。

A．内存储器　　B．外存储器　　C．光盘　　D．硬盘

13．操作系统的功能包括处理器管理、存储器管理、设备管理、文件管理和（　　）。

A．目录管理　　B．硬盘管理　　C．进程管理　　D．作业管理

14．多媒体计算机的最重要特点是（　　）。

A．集成性和交互性　　B．数字化和实时性

C．高速度和图像化　　D．声音图像一体化

15．计算机网络的最基本功能是（　　）。

A．资源共享　　B．电子邮件　　C．数据通信　　D．远程登录

16．目前互联网广泛采用（　　）协议来进行数据传输。

A．IPX/SPX　　B．HTTP　　C．Telnet　　D．TCP/IP

17．当个人计算机以拨号方式接入 Internet 时，必须使用的设备是（　　）。

A．集线器　　B．路由器　　C．调制解调器　　D．电话机

18．按照网络拓扑结构来划分，下列不属于该项划分的是（　　）。

A．星型　　B．环型　　C．总线型　　D．分支

19．我国的第一级域名是（　　）。

A．org　　B．gov　　C．com　　D．cn

20．下列电子邮件地址的格式错误的是（　　）。

A．taiya@tom.com　　B．xueli@sohu.com

C．www.sohu.com　　D．123456@qq.com

二、Windows 基本操作题（每小题 2 分，共 10 分）

Windows 基本操作题，不限制操作的方式。本试卷考生文件夹指“一级模拟试卷 1”文件夹。

1．在考生文件夹下建立一个新文件夹 GREWQ。

2．在考生文件夹下 GREWQ 文件夹中建立两个文件 MYWJJ1.TXT 和 MYWJJ2.TXT。

3．将考生文件夹下 GREWQ 文件夹中的文件 MYWJJ1.TXT 更名为 MYPPT.DOC。

4．将考生文件夹下 GREWQ 文件夹中的文件 MYWJJ2.TXT 的属性设置为“隐藏”属性。

5．将考生文件夹下 GREWQ 文件夹中的文件 MYPPT.DOC 复制到考生文件夹下 FOREST 文件夹中。

三、字处理题（25 分）

打开“一级模拟试卷 1”文件夹下的文档 WD1.docx，按照要求完成下列操作。

【WD1 文档开始】

某高校篮球比赛情况总结

本次学校篮球比赛是在学校体育中心举行的，共有 3 个系 18 个班参加了比赛，其比赛状况是很令人鼓舞和激动的，下面将比赛中出现的比赛情况给予汇总。

一系和二系在打法上有相似的地方，中前场主要靠两三名攻击力出众的球员去突击，一系有李国安和张红军，二系有邹华和邵武。相比之下，一系的防守较二系稳固。两队首次交

手，一系在首场以 2:1 战胜二系。

第二场比赛对双方都至关重要，现在一系领先二系两分，但二系少赛一轮，而且一系下轮轮空。对于三系来说，最近两场一平一负，前进的脚步悄然放慢。本轮回到主场，只有取胜才能进阶。

比赛积分榜（截止到 6 轮）。

名次	系名	场次	胜	平	负	进球数	失球数	积分
1	1	6	4	1	1	12	8	12
3	2	5	3	2	0	10	6	9
2	3	6	3	2	1	10	9	11

【WD1 文档结束】

1．将标题段文字（“某高校篮球比赛情况总结”）设置为三号、红色、黑体、加粗，字符间距加宽 3 磅，并添加阴影效果，阴影效果的“预设”值为“内部右上角”。

2．将正文各段落文字（“本次学校篮球比赛是……只有取胜才能进阶。”）设置为五号宋体；设置正文各段落左、右各缩进 4 字符，首行缩进 2 字符。

3．在页面底端（页脚）居中位置插入页码，并设置起始页码为“Ⅲ”。

4．将文中后 4 行文字转换为一个 4 行 9 列的表格，设置表格居中，表格列宽为 1.5 厘米，行高 0.6 厘米，表格标题居中，表格中所有文字中部居中。

5．设置表格外框线为 0.5 磅蓝色双窄线，内框线为 0.5 磅蓝色单实线；按“积分”列（依据“数字”类型）降序排列表格内容。

四、电子表格题（20 分）

1．打开“一级模拟试卷 1”文件夹下的工作簿 EX1.xlsx，如图 3-1-1 所示，输入公式计算各地区的合计销售额与每月的总计销售额。

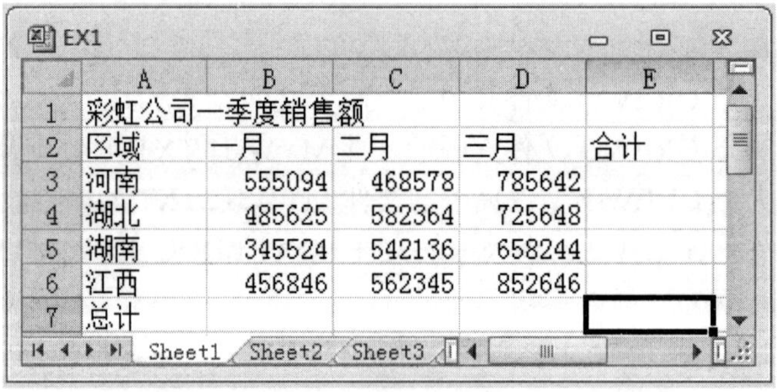

	A	B	C	D	E
1	彩虹公司一季度销售额				
2	区域	一月	二月	三月	合计
3	河南	555094	468578	785642	
4	湖北	485625	582364	725648	
5	湖南	345524	542136	658244	
6	江西	456846	562345	852646	
7	总计				

图 3-1-1　EX1.xlsx 原文

2．制作柱形图，要求如下：图表类型为“簇状柱形图”，系列产生在“行”，在图表上方添加图表标题为“彩虹公司一季度销售额”。

3．在“合计”一列后面加上一列“百分比”，计算出每个地区的合计销售额占总销售额的百分比。

4．制作饼图，要求如下：图表类型为“三维饼图”，在图表上方添加图表标题为“各地区销售比例状况”，并在图表上显示百分比数值。

五、演示文稿题（15 分）

打开“一级模拟试卷 1”文件夹下的演示文稿 PPT1.pptx，按下列要求完成对此文稿的修饰并保存。

1．请添加第一张幻灯片，版式选择“标题幻灯片”，标题处输入“彩霞公司产品介绍”，副标题处输入“——新产品数字大屏幕彩电”。文字设置成黑体、44 磅。

2．请插入第二张幻灯片，幻灯片版式设置为“标题和竖排文字”，标题处输入“数字大屏幕彩电主要功能”，正文处分四列输入“数字信号”“高清晰度”“液晶显示”“超大屏幕”。

3．将幻灯片切换效果设置为“横向棋盘式”，使用“波形”主题修饰全部幻灯片。

六、上网题 （10 分）

1．请连接上网，在地址栏内输入网址 www.sina.com.cn 浏览该网站；搜索关于“健康”方面的网站，并将搜索到的结果网页保存在考生文件夹中，文件名为“健康网站.html”。

2．向客户张虹发送一封 E-mail，具体如下：

收件人：zhanghong@sina.com

主题：有关货物发送情况

邮件正文：相关货物已于 2020 年 4 月 4 日 16:00 发送过去，大约 4 月 28 日 14:00 到达，望查收。

一级模拟试卷 2

（考试时间 90 分钟，满分 100 分）

一、单项选择题（每小题 1 分，共 20 分）

1．世界上公认的第一台电子计算机诞生的年代是（　　）。

A．1943　　B．1946　　C．1950　　D．1951

2．构成 CPU 的主要部件是（　　）。

A．内存储器和控制器　　B．内存储器、控制器和运算器

C．高速缓冲存储器和运算器　　D．控制器和运算器

3．二进制数 110001 转换成十进制数是（　　）。

A．47　　B．48　　C．49　　D．51

4．假设某台式计算机内存储器的容量为 1KB，其最后一个字节的地址是（　　）。

A．1023H　　B．1024H　　C．0400H　　D．03FFH

5．组成微型计算机主机的主要部件是（　　）。

A．CPU、内存和硬盘　　B．CPU、内存、显示器和键盘

C．CPU 和内存　　D．CPU、内存、硬盘、显示器和键盘

6．已知英文字母 m 的 ASCII 码值为 6DH，那么字母 q 的 ASCII 码值是（　　）。

A．70H　　B．71H　　C．72H　　D．6FH

7. 一个字长为 8 位的无符号二进制数能表示的十进制数值范围是（　　）。
A. 0～256　　B. 1～256　　C. 1～255　　D. 0～255

8. 下列设备中，可以作为微型计算机输入设备的是（　　）。
A. 打印机　　B. 显示器　　C. 鼠标　　D. 绘图仪

9. 操作系统对磁盘进行读/写操作的单位是（　　）。
A. 磁道　　B. 字节　　C. 扇区　　D. KB

10. 一个汉字的国标码需用 2 个字节存储，其每个字节的最高二进制位的值分别为（　　）。
A. 0，0　　B. 1，0　　C. 0，1　　D. 1，1

11. 下列各类计算机语言中，不属于高级语言的是（　　）。
A. Visual Basic　　B. FORTRAN　　C. Pascal　　D. 汇编语言

12. 在下列字符中，其 ASCII 码值最大的一个是（　　）。
A.19　　B. Z　　C. d　　D. X

13. 下列关于计算机病毒的叙述中，正确的是（　　）。
A. 防病毒软件可以查杀任何种类的病毒
B. 计算机病毒是一种被破坏的程序
C. 防病毒软件必须随着新病毒的出现而升级，提高查杀病毒的功能
D. 感染过计算机病毒的计算机具有对该病毒的免疫性

14. 下列各项中，非法的 Internet 的 IP 地址是（　　）。
A. 202.96.12.14　　B. 202.196.72.140
C. 112.256.23.8　　D. 201.124.38.79

15. 用来存储当前正在运行的应用程序的存储器是（　　）。
A. 内存　　B. 硬盘　　C. 软盘　　D. CD-ROM

16. 计算机网络分为局域网、城域网和广域网，下列属于局域网的是（　　）。
A. ChinaDDN　　B. Novell　　C. ChinaNet　　D. Internet

17. 下列设备组中，完全属于计算机输出设备的一组是（　　）。
A. 喷墨打印机、显示器、键盘　　B. 激光打印机、键盘、鼠标
C. 键盘、鼠标、扫描仪　　D. 打印机、绘图仪、显示器

18. 若已知一汉字的国标码是 5E38H，则其内码是（　　）。
A. DEB8H　　B. DE38H　　C. 5EB8H　　D. 5E38H

19. 把内存中的数据传送到计算机的硬盘上的操作称为（　　）。
A. 显示　　B. 写盘　　C. 输入　　D. 读盘

20. 用高级语言编写的程序（　　）。
A. 计算机能直接执行　　B. 具有良好的可读性和可移植性
C. 执行效率高但可读性差　　D. 依赖于具体机器，可移植性差

二、Windows 基本操作题（每小题 2 分，共 10 分）

Windows 基本操作题，不限制操作的方式。本试卷考生文件夹指“一级模拟试卷 2”文件夹。

1. 在考生文件夹下分别建立 HUA 和 HUB 两个文件夹。
2. 将考生文件夹下 XIAO\GGG 文件夹中的文件 DOCUMENTS.DOC 设置成只读属性。

3．将考生文件夹下 BDF\CAD 文件夹中的文件 AWAY.DBF 移动到考生文件夹下 WAIT 文件夹中。

4．将考生文件夹下 DEL\TV 文件夹中的文件夹 WAVE 复制到考生文件夹下。

5．为考生文件夹下 SCREEN 文件夹中的 PENCEL.BAT 文件建立名为 BAT 的快捷方式，存放在考生文件夹下。

三、字处理题（25 分）

对“一级模拟试卷 2”文件夹下的文档 WD2.docx 进行编辑、排版和保存，具体要求如下：

【WD2 文档开始】

木星及其卫星

木星是太阳系中的第五颗行星，也是最大的一个，它是地球的 318 倍，它距离太阳的轨道长 778330000 千米，半径为 142.984 千米，质量为 19×1027 千克。

再来说说木星的卫星，目前为止，我们已知道的卫星数有 16 颗，下面是这些卫星的简介：

卫星	与木星的距离（千米）	半径（千米）	质量（千克）
Metis	128	20	9.56×10^{16}
Adrastea	129	10	1.91×10^{16}
Amalthea	181	98	7.17×10^{18}
Thebe	222	50	7.77×10^{17}

【WD2 文档结束】

1．设置页面上、下边距各为 3 厘米。

2．将标题段文字（“木星及其卫星”）设置为 18 磅楷体、居中，字符间距加宽 6 磅。

3．设置正文各段（“木星是太阳系中……简介：”）段前间距为 0.5 行，设置正文第一段（“木星是太阳系中……千克。”）首字下沉 2 行（距正文 0.1 厘米），将正文第一段末尾处“1027 公斤”中的“27”设置为上标形式。

4．将文中后 5 行文字转换成一个 5 行 4 列的表格；设置表格居中、表格中所有文字水平居中、表格列宽为 3 厘米，设置所有表格框线为 1 磅蓝色单实线。

5．依据“半径（千米）”列按“数字”类型升序排列表格内容。

四、电子表格题（20 分）

1．打开“一级模拟试卷 2”文件夹下的工作簿 EX2.xlsx，如图 3-2-1 所示。将 Sheet1 工作表的 A1:D1 单元格合并为一个单元格，水平、垂直对齐方式均设置为居中；计算“总计”行的内容和“人员比例”列的内容（人员比例：数量/数量的总计，单元格格式的数字分类为百分比，小数位数为 2），将工作表命名为“人力资源情况表”。选取“人力资源情况表”的“人员类型”和“人员比例”两列的内容（“总计”行内容除外）建立“分离型三维饼图”，标题为“人力资源情况图”，不显示图例，数据标志为“显示百分比及类型名称”，将图表插入到工作表的 A9:D20 单元格区域内。

EX2.xlsx

	A	B	C	D
1	某企业人力资源情况表			
2	人员类型	数量	工资额度(万元)	人员比例
3	市场销售	42	31.5	
4	研究开发	83	67.8	
5	工程管理	56	40.1	
6	售后服务	49	35.6	
7	总计			

Sheet1 Sheet2 Sheet3

图 3-2-1 EX2.xlsx 原文

2．打开考生文件夹下 EXC2.xlsx 文件，如图 3-2-2 所示。对工作表“选修课程成绩单”内的数据清单的内容进行分类汇总（提示：分类汇总前先按主要关键字“课程名称”升序排序），分类字段为“课程名称”，汇总方式为“计数”，汇总项为“课程名称”，汇总结果显示在数据下方，工作表不变，工作簿名不变。

EXC2.xlsx

	A	B	C	D	E
1	系别	学号	姓名	课程名称	成绩
2	信息	991021	李新	多媒体技术	74
3	计算机	992032	王文辉	人工智能	87
4	自动控制	993023	张磊	计算机图形学	65
5	经济	995034	郝心怡	多媒体技术	86
6	信息	991076	王力	计算机图形学	91
7	数学	994056	孙英	多媒体技术	77
8	自动控制	993021	张在旭	计算机图形学	60

选修课程成绩单 Sheet2 Sheet3

图 3-2-2 EXC2.xlsx 原文

五、演示文稿题（15 分）

打开“一级模拟试卷 2”文件夹下的演示文稿 PPT2.pptx，如图 3-2-3 所示。按照下列要求完成对此文稿的修饰并保存。

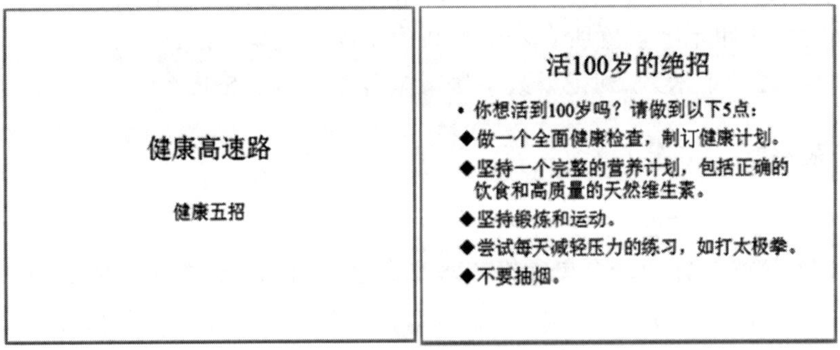

图 3-2-3 PPT2.pptx 原文

1．使用“透视”主题修饰全文，全部幻灯片切换效果为“覆盖”。

2．在第二张幻灯片之前插入一张幻灯片，其版式为“内容与标题”，输入标题文字为“活到 100 岁”，其字体设置为“宋体”，字号设置成 54 磅。输入文本为“如何健康长寿?”，其字体设置为“黑体”，字号设置成 54 磅，加粗，红色（请用自定义标签的红色 250、绿色 0、蓝色0）。插入名为“athletes,baseball players...”的剪贴画。第三张幻灯片的文本字体设置为“黑体”，字号设置成28磅，倾斜显示。

六、上网题（10分）

1．某模拟网站的主页地址是HTTP://LOCALHOST:65531/Exam Web/INDEX.HTM，打开此主页，浏览“航空知识”页面，查找“运十运输机”的页面内容，并将它以文本文件的格式保存到考生目录下，命名为y10ysj.txt。

2．向课题组成员小赵和小李分别发E-mail，主题为“紧急通知”，邮件正文为“本周二下午一时，在学院会议室进行课题讨论，请勿迟到缺席！”，发送地址分别是zhaoguoli@cuc.edu.cn和lijianguo@cuc.edu.cn。

一级模拟试卷3

（考试时间90分钟，满分100分）

一、单项选择题（每小题1分，共20分）

1．一个字长为6位的无符号二进制数能表示的十进制数值范围是（　　）。

A．0～64　　B．0～63　　C．1～64　　D．1～63

2．Internet实现了全球的各类网络的互联，其最基础和核心的协议是（　　）。

A．HTTP　　B．TCP/IP　　C．HTML　　D．FTP

3．假设邮件服务器的地址是email.bj163.com，则用户电子邮件的地址格式正确的是（　　）。

A．用户名#email.bj163com　　B．用户名@email.bj163.com

C．用户名email.bj163.com　　D．用户名$email.bj163.com

4．下列说法中，正确的是（　　）。

A．只要将高级语言编写的源程序的扩展名更改为.exe，则它就成为可执行文件了

B．高档计算机可以直接执行用高级语言编写的程序

C．源程序只有经过编译和链接后才能成为可执行程序

D．低级语言的功能远不及高级语言，所以高级语言将把低级语言取代

5．计算机技术中，下列（　　）不是存储器容量的单位。

A．KB　　B．MB　　C．GHz　　D．GB

6．能保存网页地址的文件夹是（　　）。

A．收件箱　　B．公文包　　C．我的文档　　D．收藏夹

7．根据汉字国标GB2312—1980的规定，一个汉字的内码码长为（　　）。

A．8bit　　B．12bit　　C．16bit　　D．24bit

8．十进制数101转换成二进制数是（　　）。

A．01101011　　B．01100011　　C．01100101　　D．01101010

9．下列选项中，既可作为输入设备又可作为输出设备的是（　　）。

A．扫描仪　　B．绘图仪　　C．鼠标　　D．磁盘驱动器

10．操作系统的主要功能是（　　）。

A．对用户的数据文件进行管理，为用户管理文件提供方便

B．对计算机的所有资源进行统一控制和管理，为用户使用计算机提供方便

C．对源程序进行编译和运行

D．对汇编语言程序进行翻译

11．已知 a=00111000B 和 b=2FH，则两者比较的正确不等式是（　　）。

A．a>b　　B．a=b　　C．a<b　　D．不能比较

12．在下列字符中，其 ASCII 码值最小的一个是（　　）。

A．9　　B．p　　C．Z　　D．a

13．下列叙述中，正确的是（　　）。

A．所有计算机病毒只在可执行文件中传染

B．计算机病毒主要通过读 / 写移动存储器或 Internet 进行传播

C．只要把带病毒的 U 盘设置成只读状态，此盘上的病毒就不会传染给其他计算机

D．计算机病毒是由于光盘表面不清洁而造成的

14．Modem 是计算机通过电话线接入 Internet 时所必需的硬件，它的功能是（　　）。

A．只将数字信号转换为模拟信号

B．只将模拟信号转换为数字信号

C．为了在上网的同时能打电话

D．将模拟信号和数字信号互相转换

15．下列叙述中，错误的是（　　）。

A．内存储器一般由 ROM 和 RAM 组成

B．RAM 中存储的数据一旦断电就全部丢失

C．CPU 可以直接存取硬盘中的数据

D．存储在 ROM 中的数据断电后也不会丢失

16．计算机网络的主要目标是实现（　　）。

A．数据处理　　B．文献检索

C．快速通信和资源共享　　D．共享文件

17．办公自动化（OA）是计算机的一大应用领域，按计算机应用的分类，它属于（　　）。

A．科学计算　　B．辅助设计

C．实时控制　　D．数据处理

18．组成一个完整的计算机系统应该包括（　　）。

A．主机、鼠标、键盘和显示器

B．系统软件和应用软件

C．主机、显示器、键盘和音箱等外部设备

D．硬件系统和软件系统

19．为了提高软件开发效率和用户界面的友好性，开发应用软件时应尽量采用（　　）。

A．汇编语言　　B．机器语言　　C．低级语言　　D．高级语言

20．按照数的进位制概念，下列各数中正确的八进制数是（　　）。

A．8707　　B．1101　　C．4109　　D．10BF

二、Windows 基本操作题（每小题 2 分，共 10 分）

Windows 基本操作题，不限制操作的方式。本试卷考生文件夹指“一级模拟试卷 3”文件夹。

1．将考生文件夹下 MUNLO 文件夹中的文件 KUB.DOC 删除。

2．在考生文件夹下 LOICE 文件夹中建立一个名为 WENHUA 的新文件夹。

3．将考生文件夹下 JIE 文件夹中的文件 BMP.BAS 设置为只读属性。

4．将考生文件夹下 MICRO 文件夹中的文件 GUIST.WPS 移动到考生文件夹下的 MING 文件夹中。

5．将考生文件夹下 HYR 文件夹中的文件 MOUNT.PPT 在同一文件夹下再复制一份，并将新复制的文件改名为 BASE.PPT。

三、字处理题（25 分）

1．打开“一级模拟试卷 3”文件夹下的文档 WD3.docx，按照要求完成下列操作并以该文件名（WD3.docx）保存文档。

【WD3 文档开始】

信息安全影响我国进入电子社会

随着网络经济和网络社会时代的到来，我国的军事、经济、社会、文化各方面都越来越依赖于网络。与此同时，电脑网络上出现利用网络盗用他人账号上网，窃取科技、经济情报进行经济犯罪等电子攻击现象。

今年春天，我国有人利用新闻组中查到的普通技术手段，轻而易举地从多个商业站点窃取到 8 万个信用卡号和密码，并标价 26 万元出售。

同传统的金融管理方式相比，金融电子化如同金库建在电脑里，把钞票存在数据库里，资金流动在电脑网络里，金融电脑系统已经成为犯罪活动的新目标。

据有关资料，美国金融界每年由于电脑犯罪造成的经济损失近百亿美元。我国金融系统发生的电脑犯罪也呈逐年上升趋势。近年来最大一起犯罪案件造成的经济损失高达人民币 2100 万元。

【WD3 文档结束】

（1）将文中所有“电脑”替换为“计算机”；将标题段文字（“信息安全影响我国进入电子社会”）设置为三号黑体、红色、倾斜、居中并添加蓝色底纹。

（2）将正文各段文字（“随着网络经济……高达人民币 2100 万元。”）设置为五号楷体；各段落左、右各缩进 0.5 字符，首行缩进 2 字符，1.5 倍行距，段前间距 0.5 行。

（3）将正文第三段（“同传统的金融管理方式相比……新目标。”）分为等宽两栏，栏宽 18 字符；给正文第四段（“据有关资料……2100 万元。”）添加项目符号■。

2．在“一级模拟试卷 3”文件夹下，打开文档 WORD3.docx。按照要求完成下列操作并以该文件名（WORD3.docx）保存文档。

【WORD3 文档开始】

3902 班成绩表

姓名	计算机基础	高等数学	物理	平均成绩
魏延廷	64	50	53	
杜庆生	80	78	85	
周京生	76	86	91	
万里	70	40	62	

【WORD3 文档结束】

（1）将表格上端的标题文字设置成三号、仿宋、加粗、居中。

（2）计算表格中各学生的平均成绩。

（3）将表格中的文字设置成小四号、宋体，对齐方式为水平居中；数字设置成小四号、Times New Roman 体、加粗，对齐方式为中部右对齐；小于 60 分的平均成绩用红色表示。

四、电子表格题（20 分）

1. 打开“一级模拟试卷 3”文件夹下的工作簿 EX3.xlsx，如图 3-3-1 所示，将工作表 Sheet1 的 A1:C1 单元格合并为一个单元格，内容水平居中，计算人数的“总计”行及“所占比例”列的内容（所占比例：人数/总计），将工作表命名为“员工年龄情况表”。 取“员工年龄情况表”的“年龄”列和“所占比例”列的单元格内容（不包括“总计”行），建立“分离型圆环图”，数据标签为“百分比”，图表标题为“员工年龄情况图”，插入到表的 A9:C19 单元格区域内。

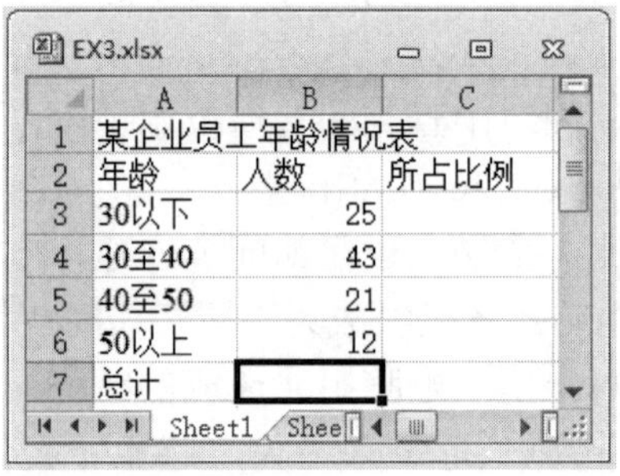

	A	B	C
1	某企业员工年龄情况表		
2	年龄	人数	所占比例
3	30以下	25	
4	30至40	43	
5	40至50	21	
6	50以上	12	
7	总计		

图 3-3-1　EX3.xlsx 原文

2. 打开工作簿文件 EXC3.xlsx，如图 3-3-2 所示，对工作表“产品销售情况表”内数据清单的内容建立数据透视表，统计各类产品的销售额总和与销售数量总和，透视表在 A40 单元格建立，行标签名为“产品名称”，工作表名不变，保存 EXC3.xlsx 工作簿。

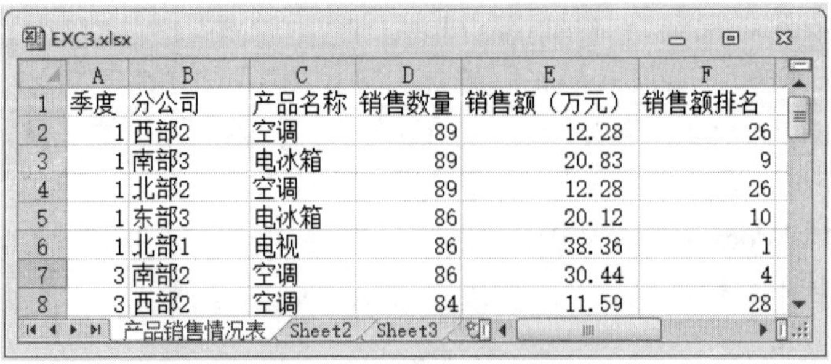

	A	B	C	D	E	F
1	季度	分公司	产品名称	销售数量	销售额（万元）	销售额排名
2	1	西部2	空调	89	12.28	26
3	1	南部3	电冰箱	89	20.83	9
4	1	北部2	空调	89	12.28	26
5	1	东部3	电冰箱	86	20.12	10
6	1	北部1	电视	86	38.36	1
7	3	南部2	空调	86	30.44	4
8	3	西部2	空调	84	11.59	28

图 3-3-2　EXC3.xlsx 原文

五、演示文稿题（15 分）

打开“一级模拟试卷 3”文件夹下的演示文稿 PPT3.pptx，如图 3-3-3 所示，按照下列要求完成对此文稿的修饰并保存。

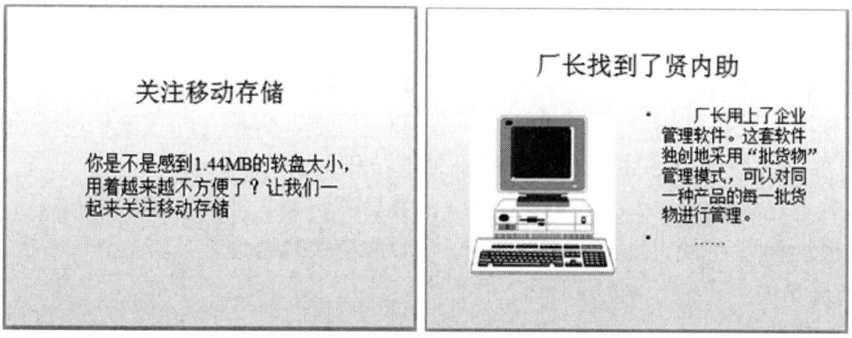

图 3-3-3　PPT3.pptx 原文

1．将第二张幻灯片版式改变为“标题，内容与文本”，文本部分的动画效果设置为“向内溶解”；在演示文稿的开始处插入一张“仅标题”幻灯片，作为文稿的第一张幻灯片，标题键入“家电价格还会降吗？”，设置为加粗、66 磅。

2．将第一张幻灯片背景渐变填充预设颜色为“麦浪滚滚”，类型方向为“线性向下”。全部幻灯片的切换效果设置成“形状”。

六、上网题（10 分）

接收并阅读由 wang@mail.neea.edu.cn 发来的 E-mail，将随信发来的附件以文件名 shenbao.doc 保存到考生文件夹下；并答复该邮件，正文内容为“您好，我们一会认真审核并推荐，谢谢。”

二级模拟试卷 1

（考试时间 120 分钟，满分 100 分）

一、单项选择题（每小题 1 分，共 20 分）

1．下列叙述中正确的是（　　）。

A．算法的效率只与问题的规模有关，而与数据的存储结构无关

B．算法的时间复杂度是指执行算法所需要的计算工作量

C．数据的逻辑结构与存储结构是一一对应的

D．算法的时间复杂度与空间复杂度一定相关

2．栈和队列的共同点是（　　）。

A．都是先进后出　　B．都是先进先出

C．只允许在端点处插入和删除元素　　D．没有共同点

3. 下列关于队列的叙述中正确的是（　　）。

A. 在队列中只能插入数据　　B. 在队列中只能删除数据

C. 队列是先进先出的线性表　　D. 队列是先进后出的线性表

4. 下面概念中，不属于面向对象方法的是（　　）。

A. 对象　　B. 继承　　C. 类　　D. 过程调用

5. 软件是指（　　）。

A. 程序　　B. 程序和文档

C. 算法加数据结构　　D. 程序、数据与相关文档的集合

6. 信息隐蔽的概念与下述（　　）的概念直接相关。

A. 软件结构定义　　B. 模块独立性

C. 模块类型划分　　D. 模块耦合度

7. 下列选项中，不属于模块间耦合的是（　　）。

A. 数据耦合　　B. 标记耦合　　C. 异构耦合　　D. 公共耦合

8. 对于现实世界中事物的特征，在实体联系模型中使用（　　）。

A. 属性描述　　B. 关键字描述

C. 二维表格描述　　D. 实体描述

9. 下列数据模型中，具有坚实理论基础的是（　　）。

A. 层次模型　　B. 网状模型　　C. 关系模型　　D. 以上三个都是

10. 关系表中的每一横行称为一个（　　）。

A. 元组　　B. 字段　　C. 属性　　D. 码

11. 办公室自动化（OA）是计算机的一项应用，按计算机应用的分类，它属于（　　）。

A. 科学计算　　B. 计算机辅助设计

C. 实时控制　　D. 信息处理

12. 1GB 的准确值是（　　）。

A. 1024×1024 Bytes　　B. 1024 KB

C. 1024MB　　D. 1000×1000 KB

13. 在标准 ASCII 码表中，已知英文字母 K 的十六进制码值是 4B，则二进制 ASCII 码 1001000 对应的字符是（　　）。

A. G　　B. H　　C. I　　D. J

14. 某 800 万像素的数码相机，拍摄照片的最高分辨率大约是（　　）。

A. 3200×2400　　B. 2048×1600　　C. 1600×1200　　D. 1024×768

15. 计算机技术应用广泛，以下属于科学计算方面的是（　　）。

A. 图像信息处理　　B. 视频信息处理

C. 火箭轨道计算　　D. 信息检索

16. 区位码输入法的最大优点是（　　）。

A. 只用数码输入，方法简单、容易记忆

B. 易记易用

C. 一字一码，无重码

D. 编码有规律，不易忘记

17．在标准 ASCII 码表中，已知英文字母 A 的 ASCII 码是 01000001，则英文字母 E 的 ASCII 码是（　　）。

A．01000011　　B．01000100　　C．01000101　　D．01000010

18．JPEG 是一个用于数字信号压缩的国际标准，其压缩对象是（　　）。

A．文本　　B．音频信号　　C．静态图像　　D．视频信号

19．为防止计算机病毒传染，应该做到（　　）。

A．无病毒的 U 盘不要与来历不明的 U 盘放在一起

B．U 盘中不要存放可执行程序

C．长时间不用的 U 盘要经常格式化

D．不要复制来历不明 U 盘中的程序

20．十进制数 100 转换成无符号二进制整数是（　　）。

A．0110101　　B．01101000　　C．01100100　　D．01100110

二、字处理题

公司将于今年举办“创新产品展示说明会”，市场部助理小王需要制作会议邀请函，并寄送给相关的客户。请按照如下需求，在“二级模拟试卷 1”文件夹下 Word4.docx 文档中完成制作工作，如图 3-4-1 所示。

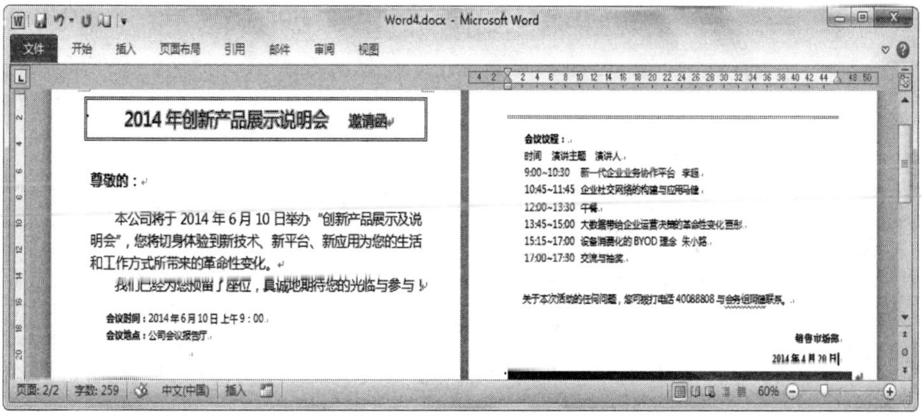

图 3-4-1　Word4.docx 原文

1．将文档中“会议议程：”段落后的 7 行文字转换为 3 列 7 行的表格，并根据窗口大小自动调整表格列宽。

2．为制作完成的表格套用一种表格样式，使表格更加美观。

3．为了可以在以后的邀请函制作中再次利用会议议程内容，将文档中的表格内容保存至“表格”部件库，并将其命名为“会议议程”。

4．将文档末尾处的日期调整为可以根据邀请函生成日期而自动更新的格式，日期格式显示为“2014 年 1 月 1 日”。

5．在“尊敬的”文字后面插入拟邀请的客户姓名和称谓。拟邀请的客户姓名在“二级模拟试卷 1”文件夹下的“通讯录.xlsx”文件中，如图 3-4-2 所示，客户称谓则根据客户性别自动显示为“先生”或“女士”，例如“范俊弟（先生）”“黄雅玲（女士）”。

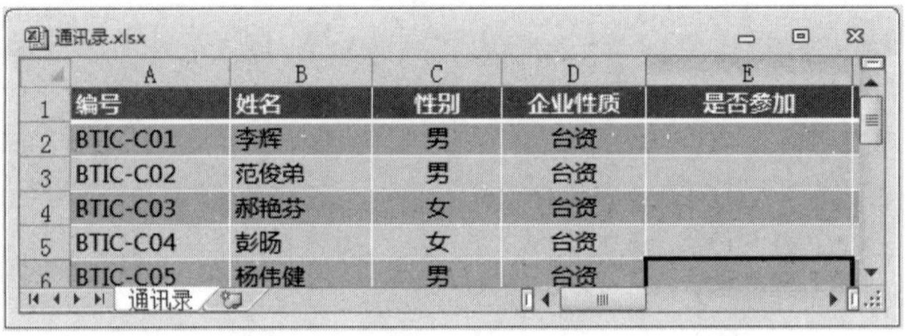

编号	姓名	性别	企业性质	是否参加
BTIC-C01	李辉	男	台资	
BTIC-C02	范俊弟	男	台资	
BTIC-C03	郝艳芬	女	台资	
BTIC-C04	彭旸	女	台资	
BTIC-C05	杨伟健	男	台资	

图 3-4-2　通讯录.xlsx

6．每个客户的邀请函占一页内容，且每页邀请函中只能包含一位客户姓名，所有的邀请函页面另外保存在一个名为“Word-邀请函. docx”文件中。如果需要，删除“Word-邀请函.docx”文件中的空白页面。

7．本次会议邀请的客户均来自台资企业，因此将“Word-邀请函.docx”中的所有文字内容设置为繁体中文格式，以便于客户阅读。

8．文档制作完成后，分别保存“Word4.docx”文件和“Word-邀请函.docx”文件。

三、表格处理题

销售部助理小王需要根据 2012 年和 2013 年的图书产品销售情况进行统计分析，以便制订新一年的销售计划和工作任务。请按照如下需求，在“二级模拟试卷 1”文件夹下 Excel4.xlsx 工作簿中完成以下操作并保存，如图 3-4-3 所示。

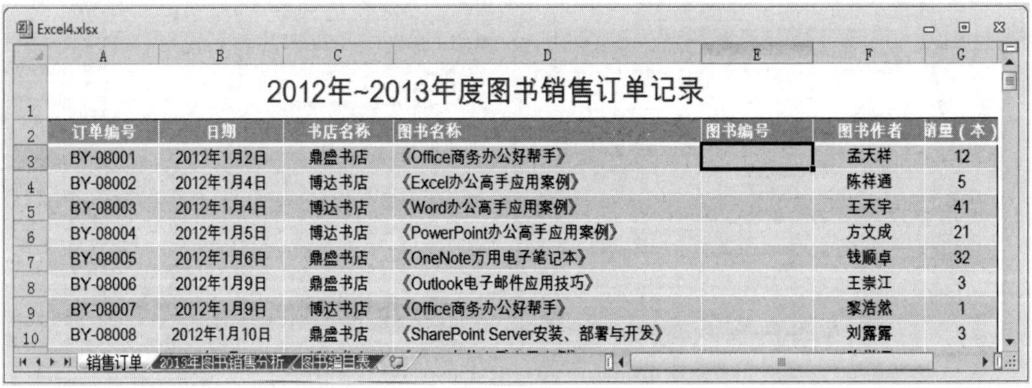

2012年~2013年度图书销售订单记录

订单编号	日期	书店名称	图书名称	图书编号	图书作者	销量（本）
BY-08001	2012年1月2日	鼎盛书店	《Office商务办公好帮手》		孟天祥	12
BY-08002	2012年1月4日	博达书店	《Excel办公高手应用案例》		陈祥通	5
BY-08003	2012年1月4日	博达书店	《Word办公高手应用案例》		王天宇	41
BY-08004	2012年1月5日	博达书店	《PowerPoint办公高手应用案例》		方文成	21
BY-08005	2012年1月6日	鼎盛书店	《OneNote万用电子笔记本》		钱顺卓	32
BY-08006	2012年1月9日	鼎盛书店	《Outlook电子邮件应用技巧》		王崇江	3
BY-08007	2012年1月9日	博达书店	《Office商务办公好帮手》		黎浩然	1
BY-08008	2012年1月10日	鼎盛书店	《SharePoint Server安装、部署与开发》		刘露露	3

图 3-4-3　Excel4.xlsx 原文

1．在“销售订单”工作表中的“图书编号”列中，使用 VLOOKUP 函数填充所对应“图书名称”的“图书编号”，“图书名称”和“图书编号”的对照关系请参考“图书编目表”工作表。

2．将“销售订单”工作表中的“订单编号”列按照数值升序排序，并将所有重复的订单编号数值标记为紫色（标准色）字体，然后将其排列在销售订单列表区域的顶端。

3．在“2013 年图书销售分析”工作表中，统计 2013 年各类图书每月的销售量，并将统计结果填充在所对应的单元格中。为该表添加“汇总”行，在“汇总”行单元格中分别计算每月图书的总销量。

4．在“2013 年图书销售分析”工作表中的 N4:N11 单元格中，插入用于统计销售趋势的迷你折线图，各单元格中迷你图的数据范围为所对应图书的 1～12 月销售数据，并为各迷你折线图标记销量的最高点和最低点。

5．根据“销售订单”工作表的销售列表创建数据透视表，并将创建完成的数据透视表放置在新工作表中，以 A1 单元格为数据透视表的起点位置。将工作表重命名为“2012 年书店销量”。

6．在“2012 年书店销量”工作表的数据透视表中，设置“日期”字段为列标签，“书店名称”字段为行标签，“销量（本）”字段为求和汇总项，并在数据透视表中显示 2012 年期间各书店每季度的销量情况。

四、演示文稿题

公司计划在“创新产品展示及说明会”会议茶歇期间，在大屏幕投影上向来宾自动播放会议的日程和主题，因此需要市场部助理小王完善“二级模拟试卷 1”文件夹下的 PowerPoint4.pptx 文件中的演示内容，如图 3-4-4 所示。

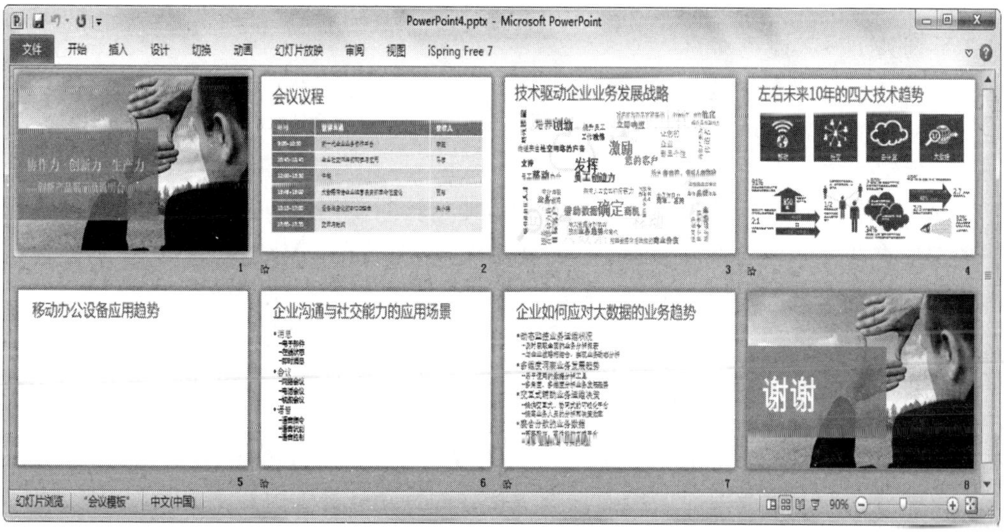

图 3-4-4　PowerPoint4.pptx 原文

请按照如下需求，在 PowerPoint 中完成制作工作并保存。

1．由于文字内容较多，将第 7 张幻灯片中的内容区域文字自动拆分为 2 张幻灯片进行展示。

2．为了布局美观，将第 6 张幻灯片中的内容区域文字转换为“水平项目符号列表”SmartArt 布局，并设置该 SmartArt 样式为“中等效果”。

3．在第 5 张幻灯片中插入一个标准折线图，并按照如下数据信息调整 PowerPoint 中的图表内容。

	笔记本电脑	平板电脑	智能手机
2010 年	7.6	1.4	1.0
2011 年	6.1	1.7	2.2
2012 年	5.3	2.1	2.6
2013 年	4.5	2.5	3
2014 年	2.9	3.2	3.9

4．为该折线图设置“擦除”进入动画效果，效果选项为“自左侧”，按照“系列”逐次单击显示“笔记本电脑”“平板电脑”和“智能手机”的使用趋势。最终仅在该幻灯片中保留这三个系列的动画效果。

5．为演示文稿中所有幻灯片设置不同的切换效果。

6．为演示文稿创建三个节，其中“议程”节包含第 1、2 张幻灯片，“结束”节中包含最后一张幻灯片，其余幻灯片包含在“内容”节中。

7．为实现幻灯片可以自动放映，设置每张幻灯片的自动放映时间不少于 2 秒钟。

8．删除演示文稿中每张幻灯片的备注文字信息。

二级模拟试卷 2

（考试时间 120 分钟，满分 100 分）

一、单项选择题（每小题 1 分，共 20 分）

1．下列关于栈叙述正确的是（　　）。

A．栈顶元素最先能被删除　　B．栈顶元素最后才能被删除

C．栈底元素永远不能被删除　　D．栈底元素最先能被删除

2．下列叙述中正确的是（　　）。

A．在栈中，栈中元素随栈底指针与栈顶指针的变化而动态变化

B．在栈中，栈顶指针不变，栈中元素随栈底指针的变化而动态变化

C．在栈中，栈底指针不变，栈中元素随栈顶指针的变化而动态变化

D．在栈中，栈中元素不会随栈底指针与栈顶指针的变化而动态变化

3．某二叉树共有 7 个结点，其中叶子结点只有 1 个，则该二叉树的深度为（假设根结点在第 1 层）（　　）。

A．3　　B．4　　C．6　　D．7

4．软件按功能可以分为应用软件、系统软件和支撑软件（工具软件），下面属于应用软件的是（　　）。

A．学生成绩管理系统　　B．C 语言编译程序

C．UNIX 操作系统　　D．数据库管理系统

5．结构化程序所要求的基本结构不包括（　　）。

A．顺序结构　　B．GOTO 跳转

C．选择（分支）结构　　D．重复（循环）结构

6．下面描述中错误的是（　　）。

A．系统总体结构图支持软件系统的详细设计

B．软件设计是将软件需求转换为软件表示的过程

C．数据结构与数据库设计是软件设计的任务之一

D．PAD 图是软件详细设计的表示工具

7．负责数据库中查询操作的数据库语言是（　　）。

A．数据定义语言　B．数据管理语言　C．数据操纵语言　D．数据控制语言

8．一名教师可讲授多门课程，一门课程可由多名教师讲授。则实体教师和课程间的联系是（　　）。

A．1:1 联系　　B．1:m 联系　　C．m:1 联系　　D．m:n 联系

9．有三个关系 R、S 和 T 如下：

R

A	B	C
a	1	2
b	2	1
c	3	1

S

A	B	C
a	1	2
d	3	2

T

A	B	C
b	2	1
c	3	1

则由关系 R 和 S 得到关系 T 的操作是（　　）。

A．自然连接　　B．并　　C．交　　D．差

10．定义无符号整数类为 UInt，下面可以作为类 UInt 实例化值的是（　　）。

A．-369　　B．369　　C．0.369　　D．整数集合{1,2,3,4,5}

11．高级程序设计语言的特点是（　　）。

A．高级语言的数据结构丰富

B．高级语言与具体的机器结构密切相关

C．高级语言接近算法语言不易掌握

D．计算机可立即执行用高级语言编写的程序

12．计算机硬件能直接识别、执行的语言是（　　）。

A．汇编语言　　B．机器语言

C．高级程序语言　　D．C++语言

13．组成一个完整的计算机系统应该包括（　　）。

A．主机、鼠标、键盘和显示器

B．系统软件和应用软件

C．主机、显示器、键盘和音箱等外部设备

D．硬件系统和软件系统

14．下列叙述中，正确的是（　　）。

A．CPU 能直接读取硬盘上的数据

B．CPU 能直接存取内存储器上的数据

C．CPU 由存储器、运算器和控制器组成

D．CPU 主要用来存储程序和数据

15．在 Word 中设置页边距时，下面说法中不正确的是（　　）。

A．页边距的设置将影响到整个文档

B．页边距的设置只影响当前页

C．标尺上的白条显示当前页边距设置

D．可以设置左右边距，也可以设置上下边距

16．在 Word 中，进行文字选择时按（　　）键的同时拖动鼠标可以选择一个矩形区域。

A．Alt　　B．Ctrl　　C．Esc　　D．Shift

17．Excel 工作表 B 列保存了 11 位手机号码信息，为了保护个人隐私，需将手机号码的后 4 位均用“*”表示，以 B2 单元格为例，最优的操作方法是使用公式（　　）。

A．=MID(B2,7,4,"****")　　B．=REPLACE(B2,8,4,"****")

C．=MID(B2,8,4,"****")　　D．=REPLACE(B2,7,4,"****")

18．Excel 工作表 D 列保存了 18 位身份证号码信息，为了保护个人隐私，需将身份证信息的第 3、4 位和第 9、10 位用“*”表示，以 D2 单元格为例，最优的操作方法是使用公式（　　）。

A．=MID(D2,3,2,"**",9,2,"**")

B．=REPLACE(REPLACE(D2,9,2,"**"),3,2,"**")

C．=REPLACE(D2,3,2,"**",9,2,"**")

D．=REPLACE(D2,9,2"**")+REPLACE(D2,3,2,"**")

19．设置 PowerPoint 演示文稿中的 SmartArt 图形动画，要求一个分支形状展示完成后再展示下一分支形状内容，最优的操作方法是（　　）。

A．将 SmartArt 动画效果设置为“一次按级别”

B．将 SmartArt 动画效果设置为“逐个级别”

C．将 SmartArt 动画效果设置为“整批发送”

D．将 SmartArt 动画效果设置为“逐个按分支”

20．可以在 PowerPoint 同一窗口显示多张幻灯片，并在幻灯片下方显示编号的视图是（　　）。

A．幻灯片浏览视图　　B．普通视图

C．阅读视图　　D．备注页视图

二、字处理题

打开“二级模拟试卷 2”文件夹下的文档 Word5.docx。

为了更好地介绍公司的服务与市场战略，市场部助理小王需要协助制作完成公司战略规划文档，并调整文档的外观与格式。现在，请按照如下需求，在文档中完成制作工作。

1．调整文档纸张大小为 A4 幅面，纸张方向为纵向；调整上、下页边距为 2.5 厘米，左、右页边距为 3.2 厘米。

2．打开“二级模拟试卷 2”文件夹下的“Word_样式标准.docx”文件，如图 3-5-1 所示，将其文档样式库中的“标题 1，标题样式一”和“标题 2，标题样式二”复制到 Word5.docx 文档样式库中。

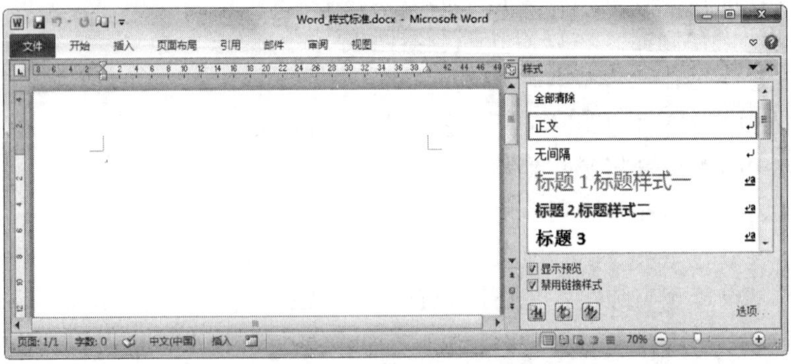

图 3-5-1　Word_样式标准.docx

3．将 Word5.docx 文档中的所有红色文字段落应用为“标题 1，标题样式一”段落样式。

4．将 Word5.docx 文档中的所有绿色文字段落应用为“标题 2，标题样式二”段落样式。

5．将文档中出现的全部“软回车”符号（手动换行符）更改为“硬回车”符号（段落标记）。

6．修改文档样式库中的正文样式，使得文档中所有正文段落首行缩进 2 个字符。

7．为文档添加页眉，并将当前页中样式为“标题 1，标题样式一”的文字自动显示在页眉区域中。

8．在文档的第 4 个段落后（标题为“目标”的段落之前）插入一个空段落，并按照下面的数据方式在此空段落中插入一个折线图图表，将图表的标题命名为“公司业务指标”。

	销售额	成本	利润
2010 年	4.3	2.4	1.9
2011 年	6.3	5.1	1.2
2012 年	5.9	3.9	2.3
2013 年	7.8	3.2	4.6

三、表格处理题

财务部助理小王需要向主管汇报 2013 年度公司差旅报销情况，现在请按照如下需求，在“二级模拟试卷 2”文件夹，打开工作簿 Excel5.xlsx，如图 3-5-2 所示，并在文件中完成操作。

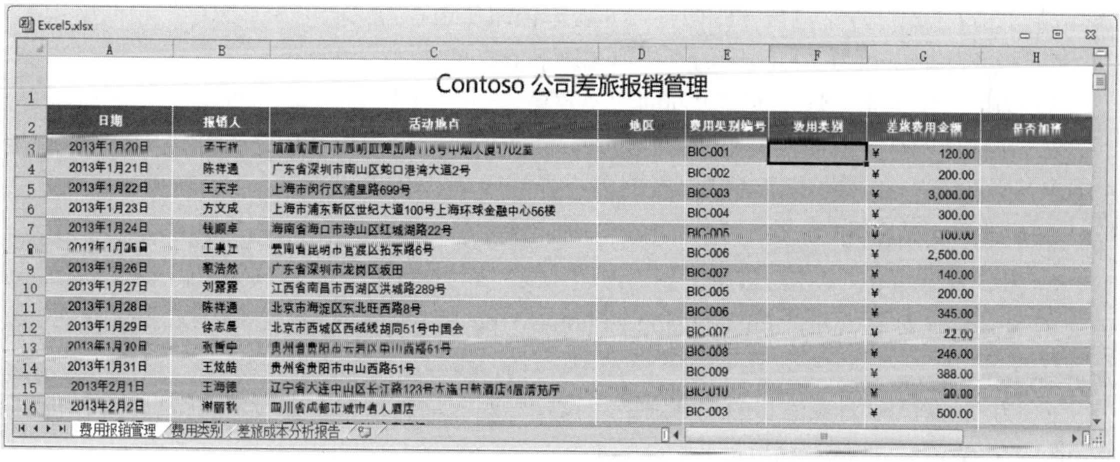

图 3-5-2　Excel5.xlsx 原文

1．在“费用报销管理”工作表“日期”列的所有单元格中，标注每个报销日期属于星期几，例如日期为“2013 年 1 月 20 日”的单元格应显示为“2013 年 1 月 20 日星期日”，日期为“2013 年 1 月 21 日”的单元格应显示为“2013 年 1 月 21 日星期一”。

2．如果“日期”列中的日期为星期六或星期日，则在“是否加班”列的单元格中显示“是”，否则显示“否”（必须使用公式）。

3．使用公式统计每个活动地点所在的省份或直辖市，并将其填写在“地区”列所对应的单元格中，例如“北京市”“浙江省”。

4．依据“费用类别编号”列内容，使用 VLOOKUP 函数，生成“费用类别”列内容。对照关系参考“费用类别”工作表。

5．在“差旅成本分析报告”工作表 B3 单元格中，统计 2013 年第二季度发生在北京市的差旅费用总金额。

6．在“差旅成本分析报告”工作表 B4 单元格中，统计 2013 年员工钱顺卓报销的火车票费用总额。

7．在“差旅成本分析报告”工作表 B5 单元格中，统计 2013 年差旅费用中，飞机票费用占所有报销费用的比例，并保留 2 位小数。

8．在“差旅成本分析报告”工作表 B6 单元格中，统计 2013 年发生在周末（星期六和星期日）的通信补助总金额。

四、演示文稿题

在今年的摄影比赛结束后，校摄影社团希望可以借助 PowerPoint 将优秀作品在社团活动中进行展示。这些优秀的摄影作品保存在“二级模拟试卷 2”文件夹中，并以 Photo(1).jpg～Photo(12).jpg 命名。

现在，请按照如下需求，在 PowerPoint 中完成制作工作。

1．利用 PowerPoint 应用程序创建一个相册，包含 Photo(1).jpg～Photo(12).jpg 共 12 幅摄影作品。在每张幻灯片中包含 4 张图片，并将每幅图片设置为“居中矩形阴影”相框形状。

2．设置相册主题为文件夹中的“相册主题.pptx”样式。

3．为相册中每张幻灯片设置不同的切换效果。

4．在标题幻灯片后插入一张新的幻灯片，将该幻灯片设置为“标题和内容”版式。在该幻灯片的标题位置输入“摄影社团优秀作品赏析”；并在该幻灯片的内容占位符中输入 3 行文字，分别为“湖光春色”“冰消雪融”和“田园风光”。

5．将“湖光春色”“冰消雪融”和“田园风光”3 行文字转换成样式为“蛇形图片题注列表”的 SmartArt 对象，并将 Photo(1).jpg、Photo(6).jpg 和 Photo(9).jpg 定义为该 SmartArt 对象的显示图片。

6．为 SmartArt 对象添加自左至右的“擦除”进入动画效果，并要求在幻灯片放映时该 SmartArt 对象元素可以逐个显示。

7．在 SmartArt 对象元素中添加幻灯片跳转链接，使得单击“湖光春色”标注形状可跳转至第 3 张幻灯片，单击“冰消雪融”标注形状可跳转至第 4 张幻灯片，单击“田园风光”标注形状可跳转至第 5 张幻灯片。

8．将文件夹中的 ELPHRG01.wav 声音文件作为该相册的背景音乐，并在幻灯片放映时即开始播放。

9．将该相册保存为 PowerPoint5.pptx 文件。

一级模拟试卷 1 参考答案

一、单项选择题

1．答案 C。解析：1946 年美国宾夕法尼亚大学研制的 ENIAC 是世界上第一台真正的电子计算机。

2．答案 B。解析：第一代计算机的主要元件是电子管，第二代计算机的主要元件是晶体管，第三代计算机的主要元件是中小规模集成电路，第四代计算机的主要元件是大规模集成电路及超大规模集成电路。

3．答案 B。解析：计算机辅助制造的英文缩写是 CAM，计算机辅助设计的英文缩写是 CAD，计算机集成制造系统的英文缩写是 CIMS，计算机辅助教学的英文缩写是 CAI。

4．答案 B。解析：用计算机管理科技情报资料，是计算机在信息处理方面的应用。

5．答案 C。解析：计算机语言依次经历了机器语言、汇编语言、高级语言三个阶段。

6．答案 A。解析：汉字机内码=汉字国标码+8080H。

7．答案 C。解析：计算机病毒是可以造成机器故障的一种破坏性程序。

8．答案 D。解析：计算机系统包括硬件系统和软件系统两大部分。

9．答案 A。解析：一台完整的计算机硬件系统是由中央处理器、存储器、输入设备和输出设备组成的。

10．答案 D。解析：影响磁盘存储容量的因素包括磁盘面数、磁道数目、扇区数目等。

11．答案 A。解析：Cache 的含义是高速缓冲存储器，其功能是协调 CPU 与内存之间的速度差。

12．答案 A。解析：CPU 直接访问的存储器是内存。硬盘、光驱等外部存储器属于外部设备，CPU 并不直接访问，而是通过外部设备接口间接控制。

13．答案 D。解析：操作系统的功能包括五大部分：处理器管理、存储器管理、设备管理、文件管理和作业管理。

14．答案 A。解析：多媒体计算机的最重要特点是集成性和交互性。

15．答案 C。解析：计算机网络的最基本功能是数据通信。

16．答案 D。解析：目前互联网广泛采用 TCP/IP 协议来进行数据传输。

17．答案 C。解析：当个人计算机以拨号方式接入 Internet 时，必须使用调制解调器。

18．答案 D。解析：网络拓扑结构主要有总线型、星型、树型、环型、网状。

19．答案 D。解析：中国的第一级域名是 cn。

20．答案 C。解析：电子邮件地址的格式是：用户名@主机域名。

二、Windows 基本操作题

打开“一级模拟试卷 1”文件夹，以此文件夹作为当前考生文件夹。

1．在考生文件夹下建立一个新文件夹 GREWQ。

右击文件列表栏空白区→“新建”→“文件夹”→输入“GREWQ”→按 Enter 键。

2．在考生文件夹下 GREWQ 文件夹中建立两个文件 MYWJJ1.TXT 和 MYWJJ2.TXT。

（1）双击 GREWQ 文件夹图标打开该文件夹。

（2）选择“文件”→“新建”→“文本文档”→输入“MYWJJ1”→按 Enter 键。

（3）新建文本文档 MYWJJ2，方法同上。

3．将考生文件夹下 GREWQ 文件夹中的文件 MYWJJ1.TXT 更名为 MYPPT.DOC。

（1）选择“工具”→“文件夹选项”→“查看”，取消勾选“隐藏已知文件类型的扩展名”复选框→“确定”按钮。

（2）右击文件 MYWJJ1.TXT→选择“重命名”→输入“MYPPT.DOC”→按 Enter 键。

4．将考生文件夹下 GREWQ 文件夹中的文件 MYWJJ2.TXT 的属性设置为“隐藏”属性。

右击文件 MYWJJ2.TXT→选择“属性”→选择“隐藏”复选框→“确定”按钮。

5．将考生文件夹下 GREWQ 文件夹中的文件 MYPPT.DOC 复制到考生文件夹下 FOREST 文件夹中。

（1）右击文件 MYPPT.DOC→选择“复制”。

（2）在导航窗格中选择考生文件夹下的 FOREST 文件夹为当前文件夹。

（3）右击文件列表空白区→选择“粘贴”。

三、字处理题

启动 Word 2010，打开“一级模拟试卷 1”文件夹中的文档 WD1.docx，在 Word 窗口中完成下列操作。

1．设置标题段格式。

（1）选定标题段文字“某高校篮球比赛情况总结”。

（2）右击，在快捷菜单中选择“字体”，弹出“字体”对话框，在“字体”选项卡下，选择字体为“黑体”，字号为“三号”，字形为“加粗”，字体颜色为“红色”。在“高级”选项卡中，设置字符间距为“加宽”“3 磅”。

（3）选择“开始”选项卡→“字体”组→“文本效果”下拉按钮→“阴影”→“内部右上角”。

2．设置正文格式。

（1）选定正文各段文字“本次学校篮球比赛是……只有取胜才能进阶。”

（2）利用“字体”组设置宋体、五号。

（3）选择“开始”选项卡→“段落”组→对话框启动器，弹出“段落”对话框，在“缩进”一栏中设置“左侧”为“4 字符”，“右侧”为“4 字符”。选择“特殊格式”下拉列表中的“首行缩进”，在“磅值”中输入“2 字符”，单击“确定”按钮。

3．插入页码。

（1）选择“插入”选项卡→“页眉和页脚”组→“页码”→“页面底端”→“普通数字 2”。

（2）选择“页眉和页脚工具”中“设计”选项卡→“页眉和页脚”组→“页码”→“设置页码格式”，弹出“页码格式”对话框，在“编号格式”下拉列表中选择“Ⅰ,Ⅱ,Ⅲ…”，选中“起始页码”复选框，调整页码编号值为“Ⅲ”，单击“确定”按钮。

4．设置表格属性。

（1）选定文中后 4 行文字。

（2）选择“插入”选项卡→“表格”组→“表格”下拉按钮→“文本转换成表格”，弹出“将文字转换成表格”对话框，单击“确定”按钮。

（3）选定整个表格，右击表格，在快捷菜单中选择“表格属性”，弹出“表格属性”对话框，在“表格”选项卡下设置对齐方式“居中”；在“列”选项卡下，选择“指定宽度”复选框，输入“1.5 厘米”；在“行”选项卡下，选择“指定高度”复选框，输入“0.6 厘米”。

（4）右击表格，在快捷菜单中选择“单元格对齐方式”→“中部居中”按钮。

（5）选定表格标题文字，单击“段落”组中的“居中”按钮。

5．设置表格边框、排序。

（1）选定整个表格。

（2）选择“开始”选项卡→“段落”组→“边框”下拉按钮→“边框和底纹”，弹出“边框和底纹”对话框。

（3）先单击“自定义”，再依次选择样式为“双窄线”，颜色为“蓝色”，在预览区分别双击四个外边框按钮。再选择样式“单实线”，颜色为“蓝色”，在预览区分别双击两个内边框按钮。单击“确定”按钮。

（4）插入点置于表格内，选择“表格工具”中“布局”选项卡→“数据”组→“排序”按钮，弹出“排序”对话框，在“主要关键字”列表中选择“积分”，“类型”为“数字”，“降序”，单击“确定”按钮。

（5）保存文档，退出 Word。

四、电子表格题

启动 Excel 2010，打开“一级模拟试卷 1”文件夹中的工作簿 EX1.xlsx，完成下面的操作。

1．计算总计和合计。

（1）选定 B7 单元格，输入公式=sum(B3:B6)，按 Enter 键确认。拖动 B7 单元格的填充柄到 D7 单元格。

（2）选定 E3 单元格，输入公式=sum(B3:D3)，按 Enter 键确认。拖动 E3 单元格的填充柄到 E7 单元格。

2．制作柱形图。

（1）选定 A2:D6 单元格区域，选择“插入”选项卡→“图表”组→“柱形图”→“簇状柱形图”，默认系列产生在“行”。

（2）选定图表，选择“图表工具”中“布局”选项卡→“标签”组→“图表标题”→“图表上方”，删除标题文字“图表标题”，更改为“彩虹公司一季度销售额”。

3．求百分比。

（1）选定 F2 单元格，输入“百分比”，按 Enter 键。

（2）单击 F3 单元格，输入公式=E3/$E$7，按 Enter 键确认。拖动 F3 单元格的填充柄到 F7 单元格。

（3）选择“开始”选项卡→“数字”组→“百分比样式”按钮%。

4．制作饼图。

（1）选定 A2:A6 单元格区域，按住 Ctrl 键，再拖动选定 F2:F6 单元格区域。

（2）选择“插入”选项卡→“图表”组→“饼图”→“三维饼图”。

（3）选择“图表工具”中“布局”选项卡→“标签”组→“数据标签”→“数据标签内”。

（4）修改图表标题为“各地区销售比例状况”。

（5）保存文件，退出 Excel。

五、演示文稿题

启动 PowerPoint 2010，打开“一级模拟试卷 1”文件夹中的演示文稿 PPT1.pptx，完成下列操作。

1．添加第一张幻灯片。

（1）选择“开始”选项卡→“幻灯片”组→“新建幻灯片”下拉按钮→“标题幻灯片”。

（2）输入标题和副标题文字。

（3）按住 Shift 键，依次选定标题和副标题文字，利用“字体”组设置黑体、44 磅。

2．插入第二张幻灯片。

（1）选择“开始”选项卡→“幻灯片”组→“新建幻灯片”下拉按钮→“标题和竖排文字”。

（2）输入标题文字“数字大屏幕彩电主要功能”。

（3）在文本框中输入第一列文字“数字信号”，第二列文字“高清晰度”，第三列文字“液晶显示”；第四列文字“超大屏幕”。

3．设置切换效果、主题。

（1）选择“切换”选项卡→“切换到此幻灯片”组→“棋盘”效果→“效果选项”下拉按钮→“自顶部”。选择“切换”选项卡→“计时”组→“全部应用”按钮。

（2）选择“设计”选项卡→“主题”组→“波形”样式。

六、上网题

1．启动 Internet Explorer，在 IE 窗口的地址栏中输入网址www.sina.com.cn，按 Enter 键。在新浪网页的搜索框中输入“健康”，开始搜索；打开一个搜索结果，选择“文件”→“另存为”，弹出“保存网页”对话框，选择位置为考生文件夹，文件名为“健康网站”，单击“保存”按钮。

2．发邮件：启动 Outlook 2010。选择“开始”选项卡→“新建”组→“新建电子邮件”，打开“新邮件”窗口，在收件人处输入 zhanghong@sina.com；主题处输入“有关货物发送情况”；再输入邮件正文。最后单击“发送”按钮。

一级模拟试卷 2 参考答案

一、单项选择题

1．答案 B。解析：基于军事的需要，世界上第一台名为 ENIAC 的电子计算机于 1946 年诞生于美国宾夕法尼亚大学。

2．答案 D。解析：CPU 主要由运算器和控制器组成。主机由 CPU 和内存储器组成。

3．答案 C。解析：二进制转换为十进制：110001B=$2^5+2^4+2^0$=49D。

4．答案 D。解析：1KB=1024Bytes，内存地址为 0～1023，用十六进制表示为 0～03FFH。

5．答案 C。解析：微型机的主机一般包括 CPU、内存、I/O 接口电路、系统总线。

6．答案 B。解析：q 的 ASCII 码为：q=m+4=6DH+4=71H。

7．答案 D。解析：8 位无符号二进制数的表数范围为 00000000~11111111，其最小值为 0，最大值为 2^8-1＝255。

8．答案 C。解析：打印机、显示器、绘图仪都属于输出设备。

9．答案 C。解析：操作系统以扇区为单位对磁盘进行读/写操作。

10．答案 A。解析：国标码两个字节的最高位都为 0，机内码两个字节的最高位都为 1。

11．答案 D。解析：汇编语言和机器语言属于低级语言。

12．答案 C。解析：在 ASCII 码表中，数字＜大写字母＜小写字母，在 26 个字母中，A＜Z，a＜z。9、Z、X、d 的 ASCII 码值分别为 39H、5AH、58H、64H。

13．答案 C。解析：防病毒软件并不能查杀全部病毒，计算机病毒是具有破坏性的程序，计算机本身对计算机病毒没有免疫性。

14．答案 C。解析：IPv4 地址是由 4 个字节组成的，习惯写法是将每个字节作为一段并以十进制数来表示，每个十进制范围为 0～255，段间用“.”分隔。选项 C 中的第二个字节超出了范围，是错误的 IP 地址。

15．答案 A。解析：内存用来存储正在运行的程序和处理的数据。

16．答案 B。解析：ChinaDDN、ChinaNet、Internet 为广域网。

17．答案 D。解析：键盘、鼠标、扫描仪属于输入设备。

18．答案 A。解析：汉字的内码=国标码+ 8080H，此汉字的内码=5E38H+8080H=DEB8H。

19．答案 B。解析：把内存中数据传送到计算机硬盘中，称为写盘。把硬盘上的数据传送到计算机的内存中，称为读盘。

20．答案 B。解析：用高级语言编写的源程序必须翻译成机器语言后才能被计算机执行，高级语言执行效率低，可读性好，不依赖于计算机，所以可移植性好。

二、Windows 基本操作题

打开“一级模拟试卷 2”文件夹，以此文件夹作为当前考生文件夹。

1．新建文件夹。

打开考生文件夹，单击工具栏上的“新建文件夹”按钮→输入 HUA→按 Enter 键。用同样的方法建立 HUB 文件夹。

2．设置文件属性。

打开考生文件夹下 XIAO\GGG 文件夹，右击 DOCUMENTS.DOC 文件→选择“属性”命令，在弹出的“属性”对话框中，勾选“只读”属性→单击“确定”按钮。

3．移动文件。

（1）打开考生文件夹下 BDF\CAD 文件夹，选定 AWAY.DBF 文件→按快捷键 Ctrl+X。

（2）打开考生文件夹下 WAIT 文件夹，按快捷键 Ctrl+V。

4．复制文件夹。

（1）打开考生文件夹下 DEL\TV 文件夹，选定 WAVE 文件夹→按快捷键 Ctrl+C。

（2）打开考生文件夹，按快捷键 Ctrl+V。

5．创建文件的快捷方式。

（1）打开考生文件夹下 SCREEN 文件夹，右击 PENCEL.BAT 文件→选择“创建快捷方式”。

（2）右击新生成的快捷方式图标→选择“剪切”。

（3）打开考生文件夹，“粘贴”到考生文件夹下，并改名为 BAT。

三、字处理题

启动 Word 2010，打开“一级模拟试卷 2”文件夹中的文档 WD2.docx，在 Word 窗口中完成下列操作。

1．选择“页面布局”选项卡→“页面设置”组→对话框启动器，弹出“页面设置”对话框，单击“页边距”选项卡，设置“上”为“3 厘米”，设置“下”为“3 厘米”，单击“确定”按钮。

2．选定标题段，右击，在快捷菜单中选择“字体”，弹出“字体”对话框，设置中文字体为“楷体”，设置字号为 18。单击“高级”选项卡，在“间距”下拉列表中选择“加宽”，在“磅值”中输入“6 磅”，单击“确定”按钮。单击“段落”组中的“居中”按钮。

3．设置正文格式、首字下沉。

（1）选定正文各段，右击，在快捷菜单中选择“段落”，弹出“段落”对话框，单击“缩进和间距”选项卡，设置“段前”为“0.5 行”，单击“确定”按钮。

（2）选定第一段，选择“插入”选项卡→“文本”组→“首字下沉”下拉按钮→“首字下沉选项”，弹出“首字下沉”对话框，单击“下沉”图标，设置下沉行数为 2，设置“距正文”为“0.1 厘米”，单击“确定”按钮。

（3）选定文本“1027”中的“27”，在“字体”组中，单击“上标”按钮x^2。

4．设置表格属性。

（1）选定后 5 行文字，选择“插入”选项卡→“表格”组→“表格”下拉按钮→“文本转换成表格”→单击“确定”按钮。

（2）选定整个表格，右击，在快捷菜单中选择“表格属性”，弹出“表格属性”对话框，单击“表格”选项卡，选择“居中”；单击“列”选项卡，勾选“指定宽度”，输入“3 厘米”，最后单击“确定”按钮。

（3）选定表格文字，在“段落”组中单击“居中”按钮。

（4）选定整个表格，右击，在快捷菜单中选择“边框和底纹”，弹出“边框和底纹”对话框，单击“全部”按钮，先选择样式为“单实线”，在“颜色”中选择“蓝色”，在“宽度”中选择“1 磅”，最后单击“确定”按钮。

5．选定表格，在“表格工具”中选择“布局”选项卡→“数据”组→“排序”下拉按钮，弹出“排序”对话框，在“列表”中选择“有标题行”，在“主要关键字”中选择“半径（千米)”，选择“类型”为“数字”，选择排序方式为“升序”，最后单击“确定”按钮。

保存文件，并退出 Word。

四、电子表格题

1．启动 Excel 2010，打开“一级模拟试卷 2”文件夹中的工作簿 EX2.xlsx，完成下面的操作。

（1）在 Sheet1 工作表中选定 A1:D1 单元格，选择“开始”选项卡→“对齐方式”组→“合并后居中”按钮。再单击“对齐方式”组中的“垂直居中”按钮。

（2）在 B7 单元格中输入公式=SUM(B3:B6)，并按 Enter 键，拖动 B7 单元格的填充柄至 C7。

（3）在 D3 单元格中输入公式=B3/$B$7，并按 Enter 键，拖动 D3 单元格的填充柄到 D7。

（4）选定 D3:D7 单元格区域，选择“开始”选项卡→“数字”组→对话框启动器→“数字”选项卡→“分类”列表中的“百分比”→“小数位数”中输入 2→单击“确定”按钮。

（5）双击工作表标签 Sheet1，输入新名称“人力资源情况表”。

（6）同时选定 A2:A6 和 D2:D6 单元格区域，选择“插入”选项卡→“图表”组→“饼图”下拉按钮→“分离型三维饼图”。

（7）选定图表标题，改为“人力资源情况图”。

（8）选择“布局”选项卡→“标签”组→“图例”下拉按钮→“无（关闭图例）”选项。

（9）选择“布局”选项卡→“标签”组→“数据标签”下拉按钮→“其他数据标签选项”，弹出“设置数据标签格式”对话框。在“标签包括”选项组中，取消勾选“值”复选框，只勾选“百分比”和“类别名称”复选框，单击“关闭”按钮。

（10）调整图表大小并将其拖动到 A9:D20 单元格区域内。保存文件。

2．打开工作簿 EXC2.xlsx，完成下面的操作。

（1）在工作表“选修课程成绩单”中，单击数据清单中“课程名称”列的任一单元格，选择“开始”选项卡→“编辑”组→“排序和筛选”下拉按钮→“升序”选项。

（2）选择“数据”选项卡→“分级显示”组→“分类汇总”按钮，弹出“分类汇总”对话框，在“分类字段”中选择“课程名称”，在“汇总方式”中选择“计数”，在“选定汇总项”中只勾选“课程名称”，选择“汇总结果显示在数据下方”选项，最后单击“确定”按钮。

（3）保存文件，退出 Excel 应用程序。

五、演示文稿题

启动 PowerPoint 2010，打开“一级模拟试卷 2”文件夹中的演示文稿 PPT2.pptx，完成下列操作。

1．设置主题、切换效果。

（1）选择“设计”选项卡→“主题”组→“其他”按钮→“透视”。

（2）选择“切换”选项卡→“切换到此幻灯片”组→“其他”按钮→在“细微型”中选择“覆盖”效果。在“计时”组中单击“全部应用”按钮。

2．设置版式、字符格式。

（1）选定第一张幻灯片，选择“开始”选项卡→“幻灯片”组→“新建幻灯片”下拉按钮→“内容与标题”。新插入的幻灯片作为第二张幻灯片。

（2）在第二张幻灯片的“单击此处添加标题”处输入“活到 100 岁”，在“单击此处添加文本”中输入“如何健康长寿？”。

（3）选定标题文字，在“字体”组中，设置字体为“宋体”，字号为 54。

（4）选定文本框中的文字“如何健康长寿？”，右击，在快捷菜单中选择“字体”，弹出“字体”对话框，设置“中文字体”为“黑体”，设置“字体样式”为“加粗”，设置“大小”

为 54。单击“字体颜色”下拉按钮，选择“其他颜色”选项，弹出“颜色”对话框，单击“自定义”选项卡，设置“红色”为 250，“绿色”为 0，“蓝色”为 0，单击“确定”按钮，再单击“确定”按钮。

（5）选定第二张幻灯片，单击“剪贴画”图标，弹出“剪贴画”任务窗格，在“搜索文字”中输入 athletes，单击“搜索”按钮，找到名为“athletes,baseball player…”的剪贴画后单击。

（6）选定第三张幻灯片的文本，在“字体”组中，设置字体为“黑体”，设置字号为 28，单击“倾斜”按钮。

（7）保存文件，并退出 PowerPoint。

六、上网题

1．启动 Internet Explorer，输入网址 HTTP://LOCALHOST:65531/ExamWeb/INDEX.HTM，按回车键。单击“航空知识”链接，再单击“运十运输机”链接。选择“文件”→“另存为”，弹出“保存网页”对话框，选择保存位置为考生文件夹，保存类型为“文本文件”，“文件名”文本框中输入 y10ysj，单击“保存”按钮。

2．发邮件：启动 Outlook 2010。选择“开始”选项卡→“新建”组→“新建电子邮件”，打开“新邮件”窗口，在“收件人”文本框中输入 zhaoguoli@cuc.edu.cn;lijianguo@cuc.edu.cn。“主题”文本框中输入“紧急通知”；再输入信件正文内容“本周二下午一时，在学院会议室进行课题讨论，请勿迟到缺席！”。单击“发送”按钮。

一级模拟试卷 3 参考答案

一、单项选择题

1．答案 B。解析：6 位无符号二进制数的表数范围为 000000～111111，所以最小值为 0，最大值为 2^6-1=63。

2．答案 B。解析：Internet 实现了分布在世界各地的各类网络的互联，其最基础和核心的协议是 TCP/IP。HTTP 是超文本传输协议，HTML 是超文本标记语言，FTP 是文件传输协议。

3．答案 B。解析：电子邮件地址的格式：用户名@主机域名。

4．答案 C。解析：计算机只能直接执行机器语言，高级语言要经过编译、链接后才能被执行，低级语言包括机器语言和汇编语言，具有代码短小、执行效率高的特点，这一点是高级语言所不及的。

5．答案 C。解析：GHz 是主频的单位。

6．答案 D。解析：收藏夹可以保存网页地址。

7．答案 C。解析：一个汉字是两个字节，一字节是 8bit，所以就是 16bit。

8．答案 C。解析：$2^6+2^5+2^2+2^0$=101，所以 101 的二进制为 01100101。

9．答案 D。解析：绘图仪是输出设备，扫描仪是输入设备，鼠标是输入设备，磁盘驱动器既能将存储在磁盘上的信息读进内存中，又能将内存中的信息写到磁盘上。因此，它既是输入设备又是输出设备。

10. 答案 B。解析：操作系统的主要功能是管理计算机的所有资源，包括硬件和软件资源。

11. 答案 A。解析：a=00111000B=38H，38H>2FH，故 a>b。

12. 答案 A。解析：在 ASCII 码表中，数字＜大写字母＜小写字母，在 26 个字母中，A＜Z，a＜z。9、p、a、Z 的 ASCII 码值分别为 39H、70H、61H、5AH。

13. 答案 B。解析：计算机病毒主要通过移动存储介质（如 U 盘、移动硬盘）和计算机网络两大途径进行传播。

14. 答案 D。解析：调制解调器（Modem）是计算机与电话线之间进行信号转换的装置，由调制器和解调器两部分组成，调制器是把计算机的数字信号调制成可在电话线上传输的模拟信号的装置，在接收端，解调器再把模拟信号转换成计算机能接收的数字信号。

15. 答案 C。解析：CPU 只能直接存取内存中的数据。

16. 答案 C。解析：计算机网络由通信子网和资源子网两部分组成。通信子网的功能是负责全网的数据通信；资源子网的功能是提供各种网络资源和网络服务，实现网络资源的共享。

17. 答案 D。解析：办公自动化包括网络化的大规模信息处理系统。

18. 答案 D。解析：一个完整的计算机系统应该包括硬件系统和软件系统两部分。

19. 答案 D。解析：机器语言和汇编语言的开发效率低，但运行效率高；高级语言的开发效率高，开发出的应用软件的用户操作界面友好，但运行效率较低。

20. 答案 B。解析：八进制数只有 0～7 这 8 个有效数码。

二、Windows 基本操作题

打开“一级模拟试卷 3”文件夹，以此文件夹作为当前考生文件夹。

1. 删除文件。

打开考生文件夹下 MUNLO 文件夹，选定 KUB.DOC 文件→按 Delete 键。

2. 新建文件夹。

打开考生文件夹下 LOICE 文件夹，选择“文件”→“新建”→“文件夹”→输入 WENHUA→按 Enter 键。

3. 设置文件属性。

打开考生文件夹下 JIE 文件夹，右击 BMP.BAS 文件→“属性”命令，在弹出的“属性”对话框中，勾选“只读”属性→单击“确定”按钮。

4. 移动文件。

（1）打开考生文件夹下 MICRO 文件夹，选定 GUIST.WPS 文件，选择“编辑”→“剪切”。

（2）打开考生文件夹下 MING 文件夹，选择“编辑”→“粘贴”命令。

5. 复制文件和文件命名。

打开考生文件夹下 HYR 文件夹，按住 Ctrl 键的同时拖动 MOUNT.PPT 文件，再将复制的副本文件改名为 BASE.PPT。

三、字处理题

1. 启动 Word 2010，打开“一级模拟试卷 3”文件夹中的文档 WD3.docx，在 Word 窗口中完成下列操作。

（1）替换、标题格式。

1）选定全文，选择“开始”选项卡→“编辑”组→“替换”，弹出“查找和替换”对话框，在“查找内容”中输入“电脑”，在“替换为”中输入“计算机”，单击“全部替换”按钮，在稍后弹出的确认框中，单击“确定”按钮。

2）选定标题段，右击，在快捷菜单中选择“字体”，弹出“字体”对话框，在“中文字体”中选择“黑体”，在“字号”中选择“三号”，在“字形”中选择“倾斜”，在“字体颜色”中选择“红色”，单击“确定”按钮。

3）选定标题段，在“段落”组中，单击“居中”按钮。

4）选定标题段，选择“开始”选项卡→“段落”组→“底纹”下拉按钮→“蓝色”。

（2）正文字符、段落格式。

1）选定正文各段，在“字体”组中，设置“字体”为“楷体”，设置“字号”为“五号”。

2）选中正文各段，右击，在快捷菜单中选择“段落”组，弹出“段落”对话框，在“左侧”中输入“0.5 字符”，在“右侧”中输入“0.5 字符”；在“特殊格式”中，选择“首行缩进”后，输入磅值为“2 字符”；在“段前”中输入“0.5 行”，在“行距”中选择“1.5 倍行距”，单击“确定”按钮。

（3）设置分栏、项目符号。

1）选定正文第三段，选择“页面布局”选项卡→“页面设置”组→“分栏”下拉按钮→“更多分栏”，弹出“分栏”对话框，选择“预设”中的“两栏”，在“宽度”中输入“18 字符”，勾选“栏宽相等”，单击“确定”按钮。

2）选定正文第四段，右击，在快捷菜单中选择“项目符号”→“■”。

3）保存文件。

2．启动 Word 2010，打开“一级模拟试卷 3”文件夹中的文档 WORD3.docx，在 Word 窗口中完成下列操作。

（1）选定表格标题，选择“开始”选项卡→“字体”组→对话框启动器，弹出“字体”对话框，设置“中文字体”为“仿宋”，设置“字号”为“三号”，设置“字形”为“加粗”，单击“确定”按钮。选定表格标题，在“段落”组中，单击“居中”按钮。

（2）单击“平均成绩”列的第二行，在“表格工具”中选择“布局”选项卡→“数据”组→“f_x 公式”按钮，弹出“公式”对话框，在“公式”框中输入= AVERAGE(LEFT)，单击“确定”按钮。按此步骤反复进行，直到完成所有行的计算。

（3）设置表格属性。

1）选定表格中的文字，右击，在快捷菜单中选择“字体”，弹出“字体”对话框，设置“中文字体”为“宋体”，设置“字号”为“小四”，单击“确定”按钮。选定表格中的数字，按照同样的操作设置“西文字体”为 Times New Roman，设置“字号”为“小四”，设置“字形”为“加粗”，单击“确定”按钮。

2）选定表格中的文字，在“段落”组中单击“居中”按钮。选定表格中的数字，右击，在快捷菜单中选择“单元格对齐方式”→“中部右对齐”。

3）选定“平均成绩”列中成绩小于 60 的单元格，在“字体”组中，设置“字体颜色”为“红色”。

4）保存文件，退出 Word。

四、电子表格题

1．启动 Excel 2010，打开“一级模拟试卷 3”文件夹中的工作簿 EX3.xlsx，完成下面的操作。

（1）在工作表 Sheet1 中，选定 A1:C1 单元格，选择“开始”选项卡→“对齐方式”组→“合并后居中”按钮。

（2）在 B7 单元格中输入公式=SUM(B3:B6)，按 Enter 键确认；在 C3 中输入公式=B3/$B$7，按 Enter 键，拖动 C3 的填充柄到 C7。

（3）双击工作表 Sheet1 标签处，输入“员工年龄情况表”。

（4）选定 A2:A6 单元格区域，按住 Ctrl 键，拖动选择 C2:C6 单元格区域，选择“插入”选项卡→“图表”组→对话框启动器→“圆环图”→“分离型圆环图”→单击“确定”按钮。

（5）选定图表标题，改为“员工年龄情况图”。

（6）选中图表，选择“图表工具”中“布局”选项卡→“标签”组→“数据标签”下拉按钮→“其他数据标签选项”，弹出“设置数据标签格式”对话框，在“标签选项”中选择“百分比”，单击“关闭”按钮。

（7）调整图表大小并拖动到 A9:C19 单元格区域内。

（8）保存文件，退出 Excel 应用程序。

2．打开工作簿 EXC3.xlsx，完成下面的操作。

（1）在工作表“产品销售情况表”中单击数据清单内任一单元格，选择“插入”选项卡→“表格”组→“数据透视表”下拉按钮→“数据透视表”，弹出“创建数据透视表”对话框，在“选择放置数据透视表的位置”中单击“现有工作表”按钮，在“位置”框中输入 A40,单击“确定”按钮。

（2）在“数据透视表字段列表”任务窗格中，选择字段“产品名称”“销售数量”“销售额（万元）”。

（3）选定 A40 单元格，修改“行标签”为“产品名称”。

（4）保存文件并退出 Excel。

五、演示文稿题

启动 PowerPoint 2010，打开“一级模拟试卷 3”文件夹中的演示文稿 PPT3.pptx，完成下列操作。

1．设置版式、动画。

（1）选定第二张幻灯片，选择“开始”选项卡→“幻灯片”组→“版式”下拉按钮→“标题，内容与文本”。

（2）在第二幻灯片中选定文本，选择“动画”选项卡”→“动画”组→“其他”按钮→“更多进入效果”选项，弹出“更改进入效果”对话框，在“基本型”中选择“向内溶解”，单击“确定”按钮。

（3）选定第一张幻灯片，选择“开始”选项卡→“幻灯片”组→“新建幻灯片”下拉按钮→“仅标题”。将新幻灯片移为第一张幻灯片。

（4）在第一张幻灯片的“单击此处添加标题”处输入“家电价格还会降吗？”。选定标题文字，在“字体”对话框中设置“字号”为66，设置“字形”为“加粗”。

2．设置背景、切换效果。

（1）选定第一张幻灯片，右击，在快捷菜单中选择“设置背景格式”，弹出“设置背景格式”对话框，选择“填充”选项卡→“渐变填充”单选按钮→“预设颜色”下拉按钮→“麦浪滚滚”。在“类型”中选择“线性”，在“方向”中选择“线性向下”。最后单击“关闭”按钮。

（2）选择“切换”选项卡→“切换到此幻灯片”组→“其他”按钮→在“细微型”中选择“形状”。在“计时”组中单击“全部应用”按钮。

（3）保存文件，并退出 PowerPoint。

六、上网题

（1）启动 Outlook 2010。

（2）选择“开始”选项卡→“发送/接收”组→“发送/接收所有文件夹”，弹出“Outlook 发送/接收进度”对话框，下载完成后，打开了预览邮件窗口，可见邮件列表。

（3）在收件箱的邮件列表中，双击 wang@mail.neea.edu.cn 发来的邮件，打开读取邮件窗口，右击附件文件名→选择“另存为”，打开“保存附件”对话框，以 shenbao.doc 文件名保存到考生文件夹下，单击“保存”按钮

（4）在读取邮件窗口中，选择“邮件”选项卡→“响应”组→“答复”，打开答复邮件窗口，收件人和主题自动填写，正邮件正文处填写“您好，我们一会认真审核并推荐，谢谢。”，单击“发送”按钮。

二级模拟试卷 1 参考答案

一、选择题

1．答案 B。解析：算法的时间复杂度是指算法在计算机内执行时所需时间的度量；与时间复杂度类似，空间复杂度是指算法在计算机内执行时所需存储空间的度量。因此，选项 B 的说法是正确的。

2．答案 C。解析：栈和队列都是一种特殊的操作受限的线性表，只允许在端点处进行插入和删除。二者的区别是：栈只允许在表的一端进行插入或删除操作，是一种“后进先出”的线性表；而队列只允许在表的一端进行插入操作，在另一端进行删除操作，是一种“先进先出”的线性表。

3．答案 C。解析：队列是一种操作受限的线性表。它只允许在线性表的一端进行插入操作，另一端进行删除操作。其中，允许插入的一端称为队尾（rear），允许删除的一端称为队首（front）。队列具有先进先出的特点，它是按“先进先出”的原则组织数据的。

4．答案 D。解析：面向对象方法是一种运用对象、类、封装、继承、多态和消息等概念来构造、测试、重构软件的方法。面向对象方法从对象出发，发展出对象、类、消息、继承等概念。

5．答案 D。解析：本题考查软件的定义。软件是计算机系统中与硬件相互依存的另一部

分，它包括程序、相关数据及其说明文档。

6．答案 B。解析：利用信息隐蔽，可以确保每一个模块的独立性。

7．答案 C。解析：模块之间的耦合程度反映了模块的独立性，也反映了系统分解后的复杂程度。按照耦合程度从强到弱分别是：内容耦合、公共耦合、外部耦合、控制耦合、标记耦合、数据耦合和非直接耦合，没有异构耦合这种方式。

8．答案 A。解析：本题考查对实体联系模型的理解和掌握。在实体联系模型中，用属性来描述现实世界中对象的属性所表示的对象的性质、特征和行为，因此本题答案为 A。

9．答案 C。解析：关系模型较格式化模型（网状模型和层次模型）有几方面的优点，即数据结构比较简单，具有很高的数据独立性，可以直接处理多对多的联系，以及有坚实的理论基础。

10．答案 A。解析：关系表中，每一行称为一个元组，对应表中的一条记录；每一列称为一个属性，对应表中的一个字段；在二维表中凡能唯一标识元组的最小属性集称为该表的键或码。

11．答案 D。解析：计算机的应用领域有科学计算、信息处理、实时控制、计算机辅助设计等。

12．答案 C。解析：1 GB=1024 MB。

13．答案 B。解析：在 ASCII 码表中包括 10 个阿拉伯数字（0～9）、26 个大写字母、26 个小写英文字母，以及各种运算符号、标点符号和控制字符等。其中 26 个大写英文字母是依次按顺序存放的。字母 K 的十六进制码值是 4B，也就是二进制的 1001011。那么 1001000 与 1001011 相差 3。所以 1001000 是大写字母 H。

14．答案 A。解析：照片的像素是分辨率的乘积。3200×2400=7680000。

15．答案 C。解析：在科学研究和工程设计中，存在着大量繁杂的数值计算问题，解决这样的问题经常是人力所无法胜任的。而高速度、高精度地解算复杂的数学问题正是电子计算机的特长。因而，时至今日，数值计算仍然是计算机应用的一个重要领域。

16．答案 C。解析：区位码输入是利用国标码作为汉字编码，每个国标码对应一个汉字或一个符号，没有重码。

17．答案 C。解析：在标准 ASCII 码表中，26 个大写英文字母是依次按顺序存放的。已知英文字母 A 的 ASCII 码是 01000001，则英文字母 E 的 ASCII 码是 01000001+4=01000101。

18．答案 C。解析：JPEG 图像文件是目前使用的最广泛、最热门的静态图像文件，这是由于 JPEG 格式的图像文件具有高压缩率、高质量、便于网络传输的特点，它的扩展名为 jpg。JPEG 采用的是有损压缩，由于它采用了高效的 DCT 变换、哈夫曼编码等技术，使得在高压缩比的情况下，仍然有着很高的图像质量。

19．答案 D。解析：为防止计算机病毒传染，凡是从外来的 U 盘往机器中复制信息，都应该先对 U 盘查毒，若有病毒必须清除，这样可以保证计算机不被新的病毒传染。要经常对磁盘进行检查，若发现病毒就及时杀除。

20．答案 C。解析：十进制整数转换成二进制数用“除 2 取余，倒排序”法，十进制整数除以 2 取余数作最低位系数 k_0，再取商继续除以 2 取余数作高一位的系数，如此继续直到商为 0 时停止，最后一次的余数就是整数部分最高有效位的二进制系数，依次所得到的余数序列就是转换成的二进制数。

二、字处理题

1．将文本转换为表格。

（1）打开“二级模拟试卷 1”文件夹中的 Word4.docx 文档。

（2）选定“会议议程：”段落后的 7 行文字，选择“插入”选项卡→“表格”组→“表格”下拉按钮→“文本转换成表格”，弹出“将文字转换成表格”对话框，选定“根据窗口调整表格”选项，单击“确定”按钮。

2．选定表格，选择“表格工具”中的“设计”选项卡→“表格样式”组→选择合适的样式。

3．选定表格，选择“插入”选项卡→“文本”组→“文档部件”下拉按钮→“将所选内容保存到文档部件库”，弹出“新建构建基块”对话框，输入名称“会议议程”，并选择库为“表格”，单击“确定”按钮，再单击“是”按钮。

4．先删除原日期，选择“插入”选项卡→“文本”组→“日期和时间”，弹出“日期和时间”对话框，按照题目要求选择日期格式，语言选择“中文（中国）”，勾选“自动更新”，单击“确定”按钮。

5．邮件合并。

（1）将插入点定位到“尊敬的”后面，选择“邮件”选项卡→“开始邮件合并”组→“开始邮件合并”下拉按钮→“邮件合并分步向导”，弹出“邮件合并”任务窗格。

（2）在“选择文档类型”中选择“信函”，单击“下一步：正在启动文档”。

（3）在“选择开始文档”中选择“使用当前文档”，即以当前的文档作为邮件合并的主文档，单击“下一步：选取收件人”。

（4）在“选择收件人”中选择“使用现有列表”按钮，然后单击“浏览”，在弹出的“选取数据源”对话框中，选择“二级模拟试卷 1”文件夹下的“通讯录.xlsx”文件，然后单击“打开”按钮，选择保存客户姓名信息的工作表名称，单击“确定”按钮，然后再单击“确定”按钮。

（5）单击“下一步：撰写信函”，单击“其他项目”，弹出“插入合并域”对话框，在“域”列表中选择“姓名”，单击“插入”按钮。插入完毕后单击“关闭”按钮，关闭“插入合并域”对话框。此时文档中的相应位置就会出现已插入的标记。

（6）选择“邮件”选项卡→“编写和插入域”组→“规则”→“如果…那么…否则”，弹出“插入 Word 域 IF”对话框，域名选择“性别”，在“比较对象”文本框中输入“男”，在“则插入此文字”文本框输入“(先生)”，在“否则插入此文字”文本框输入“(女士)”，单击“确定”按钮。

（7）单击“下一步：预览信函”，再单击“下一步：完成合并”，选择“编辑单个信函”，弹出“合并到新文档”对话框，选中“全部”单选按钮，单击“确定”按钮。这样 Word 将 Excel 中存储的收件人信息自动添加到邀请函正文中，并合并生成一个新文档。

6．保存新生成的邀请函合集，文件名为“Word-邀请函.docx”。

7．选择“Word-邀请函.docx”中的全部文字，选择“审阅”选项卡→“中文简繁转换”组→“简转繁”。

8．分别保存“Word-邀请函.docx”和“Word4.docx”文件。

三、表格处理题

1．用 VLOOKUP 函数填充“图书编号”列。

（1）打开“二级模拟试卷 1”文件夹中的 Excel4.xlsx 工作簿。

（2）选择“销售订单”工作表的 E3 单元格，输入公式“=VLOOKUP([@图书名称],表 3,2,0)”，按回车键即可完成填充。

（3）双击 E3 单元格填充柄，向下复制公式，完成 E4:E678 单元格的填充。

2．数据排序。

（1）单击“订单编号”列中的任一数据单元格，选择“开始”→“编辑”组→“排序和筛选”下拉按钮→“升序”。

（2）选定区域 A3:A678，选择“开始”选项卡→“样式”组→“条件格式”下拉按钮→“突出显示单元格规则”→“重复值”，弹出“重复值”对话框，在“设置为”下拉列表中选择“自定义格式”，设置字体颜色为紫色（标准色），单击两次“确定”按钮。

（3）选定数据区域任一单元格（如 A3），选择“开始”选项卡→“编辑”组→“排序和筛选”下拉按钮→“自定义排序”，弹出“排序”对话框，“主要关键字”选择“订单编号”，“排序依据”设置为“字体颜色”，“次序”选择“紫色”，默认为“在顶端”，单击“确定”按钮。

3．计算销量及总销量。

（1）在“2013 年图书销售分析”工作表 B4 单元格中，输入公式“=SUMIFS(销售订单!$G$3:$G$678,销售订单!$D$3:$D$678,A4,销售订单!$B$3:$B$678,">=2013-1-1",销售订单!$B$3:$B$678,"<2013-2-1")”，按回车键确定即可。

（2）拖动 B4 单元格的填充柄，计算 B5～B11 单元格的值。

（3）同理，用同样的公式计算 C～M 列的值，注意更改参数中的“时间条件值”。

（4）在 A12 单元格中输入“汇总”，在 B12 单元格中输入=sum(b4:b11)，向右复制公式到 M12 单元格。

4．创建迷你图。

（1）在“2013 年图书销售分析”工作表中，选定 N4 单元格，然后选择“插入”选项卡→“迷你图”组→“折线图”，选择数据区域为 B4:M4。

（2）选定迷你图后，在“迷你图工具”的“设计”选项卡下，勾选“高点”和“低点”，然后将 N4 单元格的迷你图向下复制到 N11 单元格。

5．创建数据透视表。

（1）选择“销量订单”工作表中的数据区域 A2:G678。

（2）选择“插入”选项卡→“表格”组→“数据透视表”按钮，弹出“创建数据透视表”对话框，单击“确定”按钮后，进入数据透视表设计窗口。

（3）将光标定位到数据透视表中，单击“选项”选项卡→“移动数据透视表”按钮，在弹出的对话框中将位置修改为 A1，单击“确定”按钮。

（4）将数据透视表所在工作表的标签名修改为“2012 年书店销量”。

6．修改数据透视表。

（1）在右侧的数据透视表窗格中，拖动“日期”至列标签框，拖动“书店名称”至行标签框，拖动“销量（本）”至数值框中。

（2）选定任一日期单元格（如“2012 年 1 月 2 日”单元格），选择“数据透视表工具”的“选项”选项卡→“分组”组→“将所选内容分组”，在弹出的“分组”对话框中，设置起始于“2012/1/1”，终止于“2012/12/31”，“步长”值为“季度”，单击“确定”按钮。

（3）保存并关闭 Excel 文件。

四、演示文稿题

1．拆分幻灯片。

（1）打开“二级模拟试卷 1”文件夹下的 PowerPoint4.pptx。

（2）在普通视图的“大纲”选项卡上，将插入点置于“多角度、多维度分析业务发展趋势”句尾，再按回车键。

（3）在“段落”组中，单击“降低列表级别”按钮两次，直到出现一个新的幻灯片图标和编号，再输入新幻灯片的标题“企业如何应对大数据的业务趋势”。

2．设置 SmartArt 图形。

（1）选定第 6 张幻灯片正文中的内容（即需要在 SmartArt 图形里面显示的文本），然后右击，选择“转换为 SmartArt”→“其他 SmartArt 图形”命令，弹出“选择 SmartArt 图形”对话框，选择“列表”→“水平项目符号列表”，单击“确定”按钮。

（2）选择“SmartArt 工具”中的“设计”选项卡→“SmartArt 样式”组→“其他”按钮→“中等效果”。

3．插入折线图。

（1）选定第 5 张幻灯片，选择“插入”选项卡→“插图”组→“图表”，弹出“插入图表”对话框，选择“折线图”→“折线图”，单击“确定”按钮。

（2）在弹出的 Excel 表格蓝色区域内，依次输入题目所给信息，调整图表数据区域的大小，然后关闭 Excel。

4．为折线图设置动画。

（1）选定折线图，选择“动画”选项卡→“动画”组→“其他”按钮→“擦除”效果。

（2）选择“动画”选项卡→“动画”组→“效果选项”下拉按钮→“自左侧”。

（3）单击“动画”组→对话框启动器，切换到“图表动画”选项卡，设置“组合图表”为“按系列”，并取消下面复选框的选定状态。

5．为所有幻灯片设置不同的切换效果。

（1）选定第 1 张幻灯片，选择“切换”选项卡→“切换到此幻灯片”组→选择某动画效果。

（2）其他幻灯片设置同理，保证效果不同即可。

6．创建节。

（1）在第 1 张幻灯片前面右击，选择“新增节”命令，这时就会出现一个无标题节，右击，选择“重命名节”命令，设置节名称为“议程”。

（2）在第 3 张幻灯片前面右击，选择“新增节”命令，这时就会出现一个无标题节，右击，选择“重命名节”命令，设置节名称为“内容”。

（3）在第 9 张幻灯片前面右击，选择“新增节”命令，这时就会出现一个无标题节，右击，选择“重命名节”命令，设置节名称为“结束”。

7. 在大纲窗格中按 Ctrl+A 快捷键，选中所有幻灯片；选择“切换”选项卡→“计时”组→勾选“设置自动换片时间”复选框→设置时间为 5 秒。

8. 删除备注信息。

（1）选择“文件”选项卡→“信息”→“检查问题”→“检查文档”，即可对文档的个人信息进行检查，弹出“文档检查器”对话框。

（2）勾选“演示文稿备注”选项，再单击“检查”按钮，PowerPoint 将对演示文稿进行检查。

（3）单击“演示文稿备注”后面对应的“全部删除”按钮，删除演示文稿中的所有备注。

（4）保存并关闭演示文稿。

二级模拟试卷 2 参考答案

一、选择题

1. 答案 A。解析：栈是先进后出的数据结构，因此栈顶元素最后入栈却最先被删除，栈底元素最先入栈却最后被删除。

2. 答案 C。解析：栈是先进后出的数据结构，在对栈操作的整个过程中，栈底指针不变，入栈与出栈操作均由栈顶指针的变化来完成。

3. 答案 D。解析：根据二叉树的基本性质 3：在任意一棵二叉树中，度为 0 的叶子结点总比度为 2 的结点多一个，因此本题中度为 2 的结点为 1-1=0 个，据此可以知道本题目中的二叉树的每一个结点都有一个分支，所以 7 个结点共 7 层，即深度为 7。

4. 答案 A。解析：软件按功能可以分为应用软件、系统软件、支撑软件。操作系统、编译程序、汇编程序、网络软件、数据库管理系统都属于系统软件，因此 B、C、D 都是系统软件，只有 A 是应用软件。

5. 答案 B。解析：1966 年，Boehm 和 Jacopini 证明了程序设计语言仅仅使用顺序、选择和重复（循环）三种基本控制结构就足以表达出各种其他形式的结构化程序设计方法。

6. 答案 A。解析：详细设计的任务是为软件结构图中而非总体结构图中的每一个模块确定实现算法和局部数据结构，用某种选定的表达工具表示算法和数据结构的细节，因此 A 描述错误。

7. 答案 C。解析：数据定义语言：负责数据的模式定义与数据的物理存取构建；数据操纵语言：负责数据的操纵，包括查询及增加、删除、修改等操作；数据控制语言：负责数据完整性、安全性的定义与检查以及并发控制、故障恢复等功能。

8. 答案 D。解析：因为一名教师可讲授多门课程，而一门课程又能由多名教师讲授，所以教师和课程之间是多对多的关系，可以表示为 m:n，选择 D。

9. 答案 D。解析：关系 T 中的元组是关系 R 中有而关系 S 中没有的元组的集合，即从关系 R 中除去与关系 S 中相同元组后得到的关系 T，因此做的是差的运算，选择 D。

10. 答案 B。解析：只有 B 选项 369 可以用无符号整数来表示和存储。A 选项-369 有负号，C 选项 0.369 是小数，它们都不能用无符号整数来存储。选项 D 是一个整数集合需要用数组来存储。

11．答案 A。解析：高级语言主要是相对于汇编语言而言的，它接近于人类的语言，如 C 语言、BASIC 语言等。用高级语言编写的程序称为源程序，源程序不能被计算机直接运行，必须通过翻译才能被计算机所接受，高级语言编写的程序可移植性好，可读性好，但是计算机要经过翻译才能认识，所以执行效率最低。

12．答案 B。解析：机器语言是计算机能够直接识别的语言，用机器语言编写的程序可读性差，但是程序执行效率最高。汇编语言介于机器语言和高级语言之间。

13．答案 D。解析：计算机系统由硬件系统和软件系统组成。硬件系统是指构成计算机的电子线路、电子元器件和机械装置等物理设备，看得见，摸得着，是一些实实在在的有形实体。软件系统是指程序及有关程序的技术文档资料。

14．答案 B。解析：中央处理器（CPU）包括控制器与运算器，它是计算机的核心。内存储器是 CPU 根据地址线直接寻址的存储空间，由半导体器件制成。外部存储器不能与 CPU 直接交换数据。

15．答案 B。解析：Word 文档中，页边距的设置将影响到整个文档，选项 B 说法错误。

16．答案 A。解析：在 Word 文档中，按住 Alt 键的同时拖动鼠标可以选择一个矩形区域。

17．答案 B。解析：题目中是要实现替换字符串，使用 REPLACE 函数。需要替换的是从第 8 位开始的 4 个字符。

18．答案 B。解析：因为需要替换的字符串不连续，需要进行两次替换，REPLACE(D2,9,2,"**")替换的是第 9、10 位，然后再利用 REPLACE(REPLACE(D2,9,2,"**"),3,2,"**")替换第 3、4 位，因此本题答案为 B。

19．答案 B。解析：题目中要求将 SmartArt 图形动画的一个分支形状展示完成后再展示下一分支形状内容，可以通过将 SmartArt 动画效果设置为“逐个级别”实现。

20．答案 A。解析：可以在 PowerPoint 同一窗口中显示多张幻灯片，并在幻灯片下方显示编号的视图是幻灯片浏览视图。

二、字处理题

1．页面设置。

（1）打开“二级模拟试卷 2”文件夹下的文档 Word5.docx。

（2）选择“页面布局”选项卡→“页面设置”组→对话框启动器，弹出“页面设置”对话框，设置上、下页边距均为 2.5 厘米，左、右页边距均为 3.2 厘米，纸张方向为“纵向”。在“纸张”选项卡中的“纸张大小”区域设置为 A4，单击“确定”按钮。

2．复制样式。

（1）打开“Word_样式标准.docx”文件，选择“开始”选项卡→“样式”组→对话框启动器，弹出“样式”窗格，单击“管理样式”按钮，在“管理样式”对话框中单击“导入和导出”按钮，弹出“管理器”对话框。

（2）单击右侧的“关闭文件”按钮，再次单击“打开文件”按钮，打开“二级模拟试卷 2”文件夹下的 Word5.docx。分别单击左侧列表框中的“标题 1，标题样式一”和“标题 2，标题样式二”，单击“复制”按钮，在弹出的对话框中单击“是”按钮，并单击“关闭”按钮，关闭“Word_样式标准”文档。

3．在 Word5.docx 文档中，按住 Ctrl 键，依次选定所有红色文字段落，选择“开始”选项卡→“样式”组→“标题 1，标题样式一”样式。

4．在 Word5.docx 文档中，按住 Ctrl 键，依次选定所有绿色文字段落，选择“开始”选项卡→“样式”组→“标题 2，标题样式二”样式。

5．替换文本。

（1）选择“开始”选项卡→“编辑”组→“替换”，弹出“查找和替换”对话框，单击“更多”按钮。

（2）将光标定位到“查找内容”文本框→单击“特殊格式”按钮→选择“手动换行符(L)”。

（3）将光标定位到“替换为”文本框→单击“特殊格式”按钮→选择“段落标记(P)”。

（4）单击“全部替换”按钮，再单击“确定”按钮，关闭“查找和替换”对话框。

6．修改正文样式。

（1）选择“开始”选项卡→“样式”组→在“正文”样式上右击→选择“修改”，弹出“修改样式”对话框。

（2）选择“格式”→“段落”，在弹出的“段落”对话框中，设置特殊格式为“首行缩进”，磅值为“2 字符”，单击“确定”按钮关闭“段落”对话框，再单击“确定”按钮关闭“修改样式”对话框。

7．设置页眉。

（1）选择“插入”选项卡→“页眉和页脚”组→“页眉”→“编辑页眉”选项。

（2）选择“插入”选项卡→“文档部件”→“域”，弹出的“域”对话框。

（3）在“类别”中选择“链接和引用”，在“域名”中选择 styleRef，在右侧的“域属性”栏中选择“标题 1，标题样式一”，取消选中“更新时保留原格式”复选框，单击“确定”按钮。

（4）选择“设计”选项卡下的“关闭页眉和页脚”。

8．插入折线图。

（1）将光标定位在第 4 段之后。

（2）选择“插入”选项卡→“插图”组→“图表”→“折线图”→“折线图”→单击“确定”按钮。

（3）在打开的 Excel 工作表中，将题干中的数据填写到相应的单元格中。例如：B1 单元格中输入“销售额”，A2 单元格输入“2010 年”，B2 单元格输入 4.3 等。关闭 Excel 文件，图表插入成功。

（4）在 Word 中，选定新建立的折线图图表，选择“布局”选项卡→“标签”组→“图表标题”→“图表上方”，在标题位置输入“公司业务指标”，保存并关闭 Word 文档。

三、表格处理题

1．设置日期型单元格格式。

（1）打开“二级模拟试卷 2”文件夹下的工作簿 Excel5.xlsx。

（2）选定 A3:A401 区域，右击，选择“设置单元格格式”命令，在“设置单元格格式”对话框“数字”选项卡下选择“日期”，选择类型为“*2001 年 3 月 14 日 星期三”，单击“确定”按钮。

2．填充“是否加班”列。

（1）在 H3 单元格录入公式“=IF(WEEKDAY(A3,2)>5,"是","否")”，按回车键。

（2）双击 H3 单元格的填充柄，将公式填充至最后一行记录。

3．填充“地区”列。

（1）在 D3 单元格录入公式“=LEFT(C3,3)”，按回车键。

（2）拖动 D3 单元格的填充柄至 D401 单元格。

4．填充“费用类别”列。

（1）在“费用报销管理”工作表的 F3 单元格中录入公式“=VLOOKUP(E3,费用类别!$A$3:$B$12,2,0)”，按回车键。

（2）将 F3 单元格中的公式向下填充到最后一行记录。

5．在“差旅成本分析报告”工作表的 B3 单元格中录入公式“=SUMIFS(费用报销管理!G3:G401,费用报销管理!D3:D401,"北京市",费用报销管理!A3:A401,">=2013-4-1",费用报销管理!A3:A401,"<=2013-6-30")”，按回车键。

6．在“差旅成本分析报告”工作表的 B4 单元格中录入公式“=SUMIFS(费用报销管理!G3:G401,费用报销管理!F3:F401,"火车票",费用报销管理!B3:B401,"钱顺卓")”，按回车键。

7．统计飞机票费用占所有报销费用的比例。

（1）在“差旅成本分析报告”工作表的 B5 单元格中录入公式“=SUMIFS(费用报销管理!G3:G401,费用报销管理!F3:F401,"飞机票")/SUM(费用报销管理!G3:G401)”，按回车键。

（2）选定 B5 单元格，选择“开始”选项卡→“数字”组→对话框启动器，弹出“设置单元格格式”对话框，选择“分类”列表框中的“百分比”，小数位数为 2。

8．在“差旅成本分析报告”工作表的 B6 单元格中录入公式“=SUMIFS(费用报销管理!G3:G401,费用报销管理!H3:H401,"是",费用报销管理!F3:F401,"通信补助")”，按回车键。

四、演示文稿题

1．创建演示文稿。

（1）在“二级模拟试卷 2”下，右击，选择“新建”，新建一个演示文稿。

（2）打开新建的演示文稿，选择“插入”选项卡→“图像”组→“相册”下拉按钮→“新建相册”，弹出“相册”对话框。

（3）单击“文件/磁盘”按钮，选择“二级模拟试卷 2”文件夹下的 Photo(l)～Photo(12)共 12 张图片，单击“插入”按钮。“图片版式”选择“4 张图片”，“相框形状”选择“居中矩形阴影”，再单击“创建”按钮。

2．选择“设计”选项卡→“主题”组→“其他”按钮→“浏览主题”，选择“二级模拟试卷 2”文件夹下的“相册主题.pptx”，单击“应用”按钮。

3．设置切换效果。

（1）选择第 1 张幻灯片，选择“切换”选项卡→“切换到此幻灯片”组→“切出”切换效果。

（2）按照步骤（1）的方法，依次为每一张幻灯片的设置不同的切换效果。

4．插入新幻灯片。

（1）选定第 1 张幻灯片，选择“开始”选项卡→“幻灯片”组→“新建幻灯片”→“标题和内容”版式。

（2）在标题位置输入“摄影社团优秀作品赏析”；在内容占位符中输入 3 行文字，分别为“湖光春色”“冰消雪融”和“田园风光”。

5．创建 SmartArt 对象。

（1）选定内容区域的 3 行文字，选择“开始”选项卡→“段落”组→“转换为 SmartArt”→“其他 SmartArt 图形”，弹出“选择 SmartArt 图形”对话框，选择“图片”→“蛇形图片题注列表”，单击“确定”按钮。

（2）单击“湖光春色”上面的“插入图片”按钮，弹出“插入图片”对话框，选择“二级模拟试卷 2”文件夹下的 Photo(l).jpg 图片，并单击“插入”按钮。

（3）单击“冰消雪融”上面的“插入图片”按钮，弹出“插入图片”对话框，选择文件夹下的 Photo(6).jpg 图片，并单击“插入”按钮。

（4）单击“田园风光”上面的“插入图片”按钮，弹出“插入图片”对话框，选择文件夹下的 Photo(9).jpg 图片，并单击“插入”按钮。

6．设置 SmartArt 图形的进入效果。

（1）选定 SmartArt 图形，选择“动画”选项卡→“动画”组→“擦除”动画效果。

（2）单击“效果选项”→方向“自左侧”。

（3）单击“效果选项”→序列“逐个”。

7．建立超链接。

（1）选定“湖光春色”文本框。选择“插入”选项卡→“链接”组→“超链接”，弹出“插入超链接”对话框，在“链接到”中选择“本文档中的位置”，在“请选择文档中的位置”中选择“3．幻灯片 3”，单击“确定”按钮。

（2）按照步骤（1）的方法，依次设置“冰消雪融”和“田园风光”的超链接。

8．设置背景音乐。

（1）选定第 1 张幻灯片。

（2）选择“插入”选项卡→“媒体”组→“音频”下拉按钮→“文件中的音频”，弹出“插入音频”对话框，选定“二级模拟试卷 2”文件夹中的 ELPHRG01.wav，单击“插入”按钮。

（3）选定插入的音频图标，切换到“播放”选项卡，在“开始”列表中选择“跨幻灯片播放”，勾选“放映时隐藏”“循环播放，直到停止”和“播完返回开头”三个复选框。

9．将该相册保存为 PowerPoint5.pptx 文件。

参考文献

[1] 教育部考试中心．全国计算机等级考试一级教程——计算机基础及 MS Office 应用（2020 年版）．北京：高等教育出版社，2019．

[2] 教育部考试中心．全国计算机等级考试一级教程——计算机基础及 MS Office 应用上机指导（2020 年版）．北京：高等教育出版社，2019．

[3] 教育部考试中心．全国计算机等级考试二级教程——MS Office 高级应用（2020 年版）．北京：高等教育出版社，2019．

[4] 教育部考试中心．全国计算机等级考试二级教程——MS Office 高级应用上机指导（2020 年版）．北京：高等教育出版社，2019．

[5] 眭碧霞．计算机应用基础任务化教程（Windows 7+Office 2010）．3 版．北京：高等教育出版社，2019．

[6] 邓志．X86/X64 体系探索及编程．北京：电子工业出版社，2013．

[7] 林欣．高性能微型计算机体系结构——奔腾、酷睿系列处理器原理与应用技术．北京：清华大学出，2012．

[8] 王向慧．微型计算机原理与接口技术．2 版．北京：中国水利水电出版社，2015．

[9] 谢希仁．计算机网络．7 版．北京：电子工业出版社，2017．

[10] 陈根．虚拟现实：科技新浪潮．北京：化学工业出版社，2017．

[11] 杨永强，等．区块链+大数据：突破瓶颈，开启智能新时代．北京：机械工业出版社，2019．

[12] 李德毅，等．人工智能导论．北京：中国科学技术出版社，2018．